機械工程概論

章哲寰　編著

全華圖書股份有限公司

序 preface

　　在古代使用金屬的時期，尤其是武器，需要強大的火力進行冶金鍛造等，這些程序都是屬於機械製造的範圍。近年來由於專業領域越來越專精，使得大眾對機械工程的領域越來越不清楚，僅止於器件維修與機器加工等，實則不然。機械工程由於專業廣泛，因此需要加以分類，最簡單的分類為：加工製造、熱流科學、機電控制與固力設計。加工製造包含的範圍有工具機的設計、加工方法、量測方法、材料科學等；熱流科學則包括了熱力學、流體力學、熱傳學、燃燒學等；機電控制則包含了感測學、機器人學、自動控制等；固力設計包括元件設計、動力分析、振動量測、結構分析等。因此本課程將分別介紹各項主題與內容，能有系統的學習。

　　本書係針對機械工程概論這門課程所寫，讓機械工程系的學生可以了解機械工程所涵蓋的範圍。傳統上、一般認為機械工程工作內容主要是黑手，進行機械器械的維修。但是一般而言機械工程可說是最為多元性的學術領域，也就是說學習機械工程時也必須同時學習各式各樣的專長，特別是現代的機械工廠除了傳統的力學、設計、製程與控制之外，現在還包括了電子技術、程式控制、生醫技術等等。由於近年來筆者教授機械工程時，發現如果學生對機械工程的誤解，所以特別針對機械工程概論開授課程說明，同時也發現許多學校也有相同的情況，所以特別針對機械工程概論的課程加以說明。因為本課程為新設課程，為了提高學生對機械工程興趣，特別加入一些生活應用的實務，以生活周遭的機械進行說明，再加以分類的方式來講解。最後感謝出版社給我這個機會並鼓勵獻上我的感謝。

編輯部序 preface

「系統編輯」是我們的編輯方針，我們所提供給您的，絕不只是一本書，而是關於這門學問的所有知識，它們由淺入深，循序漸進。

機械工程是一門有關運用物理定律進行機械系統分析、設計以及製造的工程科學。它是工程科學當中涵蓋範圍最廣的一門學科。現代產業各種工程領域都需要應用機械設備，例如食品工業需要加熱設備、處理設備與食品加工機械等；半導體產業需要檢測設備、拋光設備與濺鍍機等；交通運輸業需要飛機、汽車和船舶等。隨著時代的進步與改變，機械工程相對應需要提供必需的機械。在古老的時候人們製作工具來協助製造物品，這些工具就可視為機械。之後人類再利用自身的體力、風力、水力與牲畜的力量來提供驅動機器，就產生不同的設備。

本書以機械工程的角度為出發點，內文以大量的圖片搭配簡單易懂的文字敘述，使初學者能在短時間內了解機械工程的知識內容，對未曾接觸過機械領域知識者，作為導讀書籍尤為適合。

若您有任何問題，歡迎來函連繫，我們將竭誠為您服務。

目錄 contents

01

總論
General

多數人對於機械工程 (Mechanical Engineering) 都有錯誤的概念，總以為機械工程的專業就是「黑手」。因為需要瞭解機械設備的組裝與原理，同時需要進行機器的維修保養，所以雙手會弄得髒兮兮地。其實這些只是機械工程的一部分而已。例如生活中腳踏車的器件維修可以視為機械領域，那麼家中所使用的瓦斯爐或是瓦斯桶是否屬於食品工業呢？當然不是，瓦斯爐的設計和製造都可以視為機械的專業領域。

圖 1-1　黑手

圖 1-2　瓦斯爐

那麼機械工程的定義到底是什麼呢？依據馬克斯的機械工程師標準手冊 (Marks' Standard Handbook for Mechanical Engineers) 內容所列對機械工程師所需要的專業知識項目至少應包含數學 (Mathematics)(其中包括電腦程式與資料結構)、基本物理量與單位 (Measuring Units)、固體和流體力學 (Mechanics of Solids and Fluids)、熱 (Heat)(包含熱力學 (Thermodynamics) 與熱傳學 (Heat Transfer))、材料強度 (Strength of Materials)(包含材料機械性質、材料力學、應力應變實驗分析與複合材料力學)、工程材料 (Materials of Engineering)(包含冶金學 (Metallurgy)、腐蝕 (Corrosion) 與潤滑 (Lubrication))、燃料與燃燒 (Fuels and Furnaces)、機器元件 (Machine Elements)(包含機構學、管路與閥件)、動力產生設備 (Power Generation)(包含蒸汽動力元件、熱交換器與內燃機)、材料處理 (Materials Handling)(包含裝載、儲存與搬運)、運輸 (Transportation)(包括車輛工程、軌道工程、海洋工程、航空與太空工程及管路傳輸)。

圖 1-3　車輛示意圖　　　　　　圖 1-4　航空示意圖

　　建造與設備 (Building Construction and Equipment)(包含工廠配置、冷凍空調、照明和聲波與噪音)、製造程序 (Manufacturing Processes) (包括鑄造與模具和熱處理)、風扇、泵浦與壓縮機 (Fans, Pumps, and Compressors)、電氣與電子工程 (Electrical and Electronics Engineering)、儀器控制 (Instruments and Controls)、工業工程 (Industrial Engineering)、環境監管 (The Regulatory Environment)(包括消防、工安與智財)、冷凍、低溫和光學 (Refrigeration, Cryogenics, and Optics) 以及新興的技術與其他 (Emerging Technologies and Miscellany)(包括微機電系統、奈米科技、生物力學與智動化) 等等，林林總總包含了二十個項目，每個項目之下還包含了許多子項目。

💡 知識大補帖　**數學**

　　數學也屬於機械工程的範疇之一，為什麼呢？因為機械工程裡所有的專業領域都需要基本的分析工作，所以需要基本的數學分析能力，甚至電腦程式也包含在數學的子領域當中。

⚙ 機械工程

　　維基百科對機械工程的說明則是「機械工程是一種應用工程、物理、數學和材料科學原理的專業，進行設計 (Design)、分析 (Analyze)、製造 (Manufacture) 和維護 (Maintain) 機械系統的學科」。機械工程需要了解的核心領域，包括力學 (Mechanics)、動力學 (Dynamics)、熱力學 (Thermodynamics)、材料科學 (Material Science)、結構分析 (Structural Analysis) 和電力 (Electricity)。除了這些核心領域之外，機械工程師還需要使用電腦輔助設計 (Computer Aided Design, CAD)、電腦輔助製造 (Computer-Aided Manufacturing, CAM) 以及產品生命週期管理 (Product Life Cycle Management) 等工具來進行設計與分析各種設備與系統，例如工業設備、加熱與冷卻系統、飛機、船舶、車輛、機器人與醫療設備等等。所以機械工程所涵蓋的領域包羅萬象，實在可以稱為應用物理。

　　由於機械工程的專業知識非常廣泛，不容易從單方面加以認識，因此需要加以分類。觀察國內各大專院校機械工程系大致可分為四組：加工製造與材料、熱流科學、機電控制與固力設計。

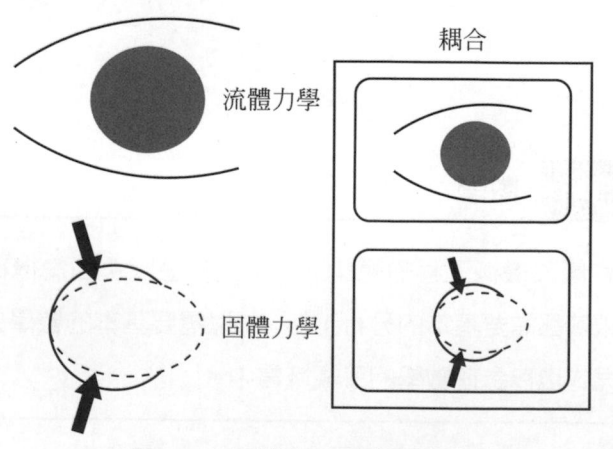

圖 1-5　固體和流體力學圖示

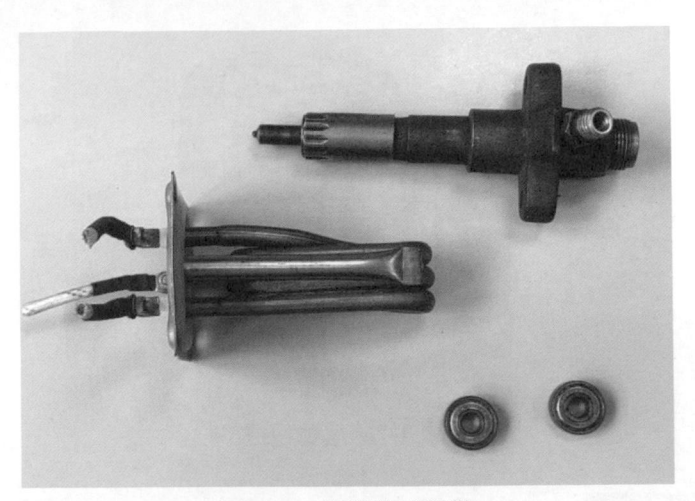

圖 1-6 各種機械零件

　　加工製造與材料領域所包含的範圍有工具機的設計、加工方法、量測方法、材料科學等；熱流科學領域則包括了熱力學、流體力學、熱傳學、燃燒學等；機電控制領域則包含了感測學、機器人學、自動控制等；固力設計領域則包括元件設計、動力分析、振動量測、結構分析等。再再顯示機械工程領域之專業知識廣泛，不易統合。當然，各個領域之間也有跨領域所需要的專長與技術。例如工具機設計時需要考慮振動的影響，因為這會影響到加工的精密度，或者像是高精度螺桿的製造，需要考量溫度的效應，因為材料會熱脹冷縮，所以會影響到位移的精密度。雖然各領域有專精所需的課程，但是仍有些課程為各領域之核心課程，例如物理、數學、圖學、力學等。

　　然而從未來工業之發展以及專業分工來看，需求的人才需要跨領域的結合，並非單一專業人士即可解決工程上的問題。吾人可以看到許多的現代產業中都需要應用機械工程，例如農業中需要耕耘機；交通運輸業需要車輛、飛機；紡織業需要紡織機等等；甚至食品業需要的特殊工具、烤箱、麵包機等都需要機械工程技術的參與，所以各種產業都會需要相應的工作器具都是機械工程。同時可以了解各個產業所需機械工程的專業，也並非單一的領域。

圖 1-7　烤麵包機

 知識大補帖　**工藝**

　　古代的機械統稱為工藝，並未受到重視，不登大雅之堂，例如水車、風車等等，以自然的動力經過機構的傳動，協助處理必要的工作。以目前的知識技術可以容易地了解，但是在一千年前這樣的技術可說是十分地進步。例如東漢張衡所發明的渾天儀，它是古代研究天文的主要儀器，它利用齒輪與設計巧妙的水力「滴漏」，帶動渾天儀繞軸旋轉，使渾天儀的轉動與地球的周日運動相等，渾天儀每轉一圈，也就等同於天體自轉一圈。

問題與討論 ?!

1. 請寫出以下專有名詞的英文：(a) 力學　(b) 製造　(c) 設計　(d) 低溫。
2. 試問維基百科對機械工程的定義為何？
3. 一般機械工程領域的分類有哪些？
4. 試針對馬克斯機械工程師標準手冊對機械工程師所需要的專業知識項目中，列出其中五項。

專業英文詞彙

A

(Analyze)	分析

C

(Corrosion)	腐蝕
(Cryogenics)	低溫

D

(Design)	設計
(Dynamics)	動力學

F

(Fans)	風扇

H

(Heat Transfer)	熱傳學
(Heat)	熱

L

(Life Cycle)	生命週期
(Lubrication)	潤滑

M

(Maintain)	維護
(Manufacture)	製造
(Mathematics)	數學
(Mechanical Engineering)	機械工程
(Mechanics)	力學

O

(Optics)	光學

P

(Pumps)	泵浦

R

(Refrigeration)	冷凍

T

(Thermodynamics)	熱力學
(Transportation)	運輸

02

金屬材料與機械性質
Material Properties

　　一般的金屬材料是指工業上所應用中的純金屬或合金，自然界中大約有 70 多種純金屬，其中常見的有鐵 (Iron)、銅 (Copper)、鋁 (Aluminium)、錫 (Tin)、鎳 (Nickel)、金 (Gold)、銀 (Silver)、鉛 (Lead)、鋅 (Zinc) 等。一般來說，金屬材料製作加工時，其表面顯示出有光澤的外觀，並且導電和導熱性能相對較好。而金屬通常具有延展性 (Malleability)(它們可以被錘成薄片或被拉成線)。金屬存在於現代生活的許多方面，由於某些金屬的強度和彈性好，經常用於建築、橋樑、車輛、工具、管道和鐵路軌道等。

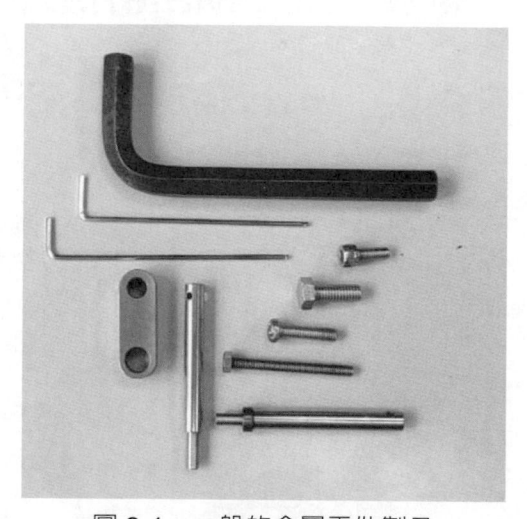

圖 2-1　一般的金屬零件製品

　　合金 (Alloy) 是一種具有金屬特性的物質，是由兩種或兩種以上的金屬或金屬與非金屬結合而成的物質。常見的合金如鐵和碳所組成的鋼合金，銅和鋅所形成的合金爲黃銅 (Brass) 等。合金可具有可變或固定的成分。例如，金與銀形成合金，其中金或銀的比例可以自由調整。大多數的純金屬不是太軟或太脆，就是在實際的使用當中具有化學反應性。若是將不同比例的金屬組合成合金，則會改變純金屬的特性，來產生所需要的金屬特性。製造合金的目的通常是使它們不易碎、更堅硬、耐腐蝕或具有更理想的顏色和光澤。

　　在當今使用的所有金屬合金中，鐵合金 (鋼 (Steel)、不鏽鋼 (Stainless Steel)、鑄鐵、工具鋼和合金鋼等) 在數量和商業價值上所佔的比例最大。鐵合金中滲入不同比例的碳可製造出低、中和高碳鋼，隨著碳含量的增加，合金的延展性和韌性 (Toughness) 降低。碳鋼之中添加矽 (Silicon) 會產生鑄鐵，而在碳鋼中添加鉻 (Chromium)、鎳和鉬 (Molybdenum)(超過 10%) 則會產生出不鏽鋼。

　　其他重要的金屬合金是鋁(Aluminum)、鈦 (Titanium) 和鎂 (Magnesium) 合金。這三種金屬的合金是最近開發的。由於它們的化學反應性，它們需要電解提取過程。鋁、鈦和鎂合金因其高強度重量比而受到重視，因為鋁、鈦和鎂是具有重要商業價值的輕金屬，所謂輕金屬是密度相對較低的任何金屬，鋁、鈦和鎂的密度分別為 2.7、4.5 和 1.7g/cm³，應用於例如航太、汽車和建築業。

圖 2-2　航太示意圖

　　金屬是良導體，在電機應用之中很有價值，可以在幾乎沒有能量損失的情況下傳輸電流。大多數的家用電器都使用銅線連接，因為銅線具有良好的導電性能。金屬的導熱性可用於容器在燃燒火焰上的加熱材料；或是將金屬應用於散熱器上，作為導熱的設備元件。

有些金屬有特殊的用途：例如汞 (Mercury) 在室溫下是液體，當它流過開關觸點時可做為開關以完成電路；核電廠使用放射性金屬鈾 (Uranium) 為燃料，藉由鈾核子分裂的能量來發電；形狀記憶合金可以應用於管道、緊固件和血管支架等。

圖 2-3　汞

 知識大補帖　**結構強度**

大部分的金屬和合金具有較高單位質量的結構強度，使其成為承載較大負荷 (Load) 或抵抗衝擊損壞的有用材料。金屬合金可以設計成對剪應力 (Shear)、扭矩 (Torque) 和變形 (Deformation) 具有高抵抗力。然而，相同的金屬也容易因重複使用而受到疲勞 (Fatigue) 損壞，或在超過負荷時產生斷裂 (Fracture) 的情況。

在這裡就會問到，什麼是「疲勞」？疲勞是金屬材料的一種機械性質。所謂的機械性質是指材料承受負荷時，有關變形與破壞相關的物理行為。首先要介紹的是應力 (Stress) 與應變 (Strain) 的關係，所謂的應力就是單位面積所承受的力量，而應變則為物體承受力量下，產生變形的比例值。所以應力的單位與壓力相同，而應變則無單位量。

圖 2-4 是將金屬材料做成標準試片後，進行拉伸試驗所得出的結果，從此圖形可看出曲線變化有三個階段：線性彈性 (Linear Elastic) 區；應變硬化 (Strain Hardening) 區；和頸縮 (Necking) 區。

　　當物體承受負荷 (如圖中的 A 點 (彈性限 (Elastic Limit)) 以下的應力)，再移除負荷時，物體會恢復到原來的尺寸，則稱此變化為彈性變形 (Elastic Deformation)，應力與應變成正比，即遵循一般的**胡克定律** (Hook's Law)，而曲線的斜率為稱為**楊氏模數** (Young's Modulus)。

　　線性彈性區與應變硬化區的分界限則為 B 點，如果物體承受超過 B 點的負荷之後，再移除負荷時，金屬變形到無法完全恢復其原始尺寸的情況，則稱為塑性變形 (Plastic Deformation)，所以 B 點是塑性變形的起始點。該點的應力分量定義為降伏強度 (Yield Strength)。

　　最後頸縮區階段是橫截面積顯著小於平均值會形成頸部，並快速發展導致斷裂。斷裂後，可以計算伸長率和截面面積減少量。

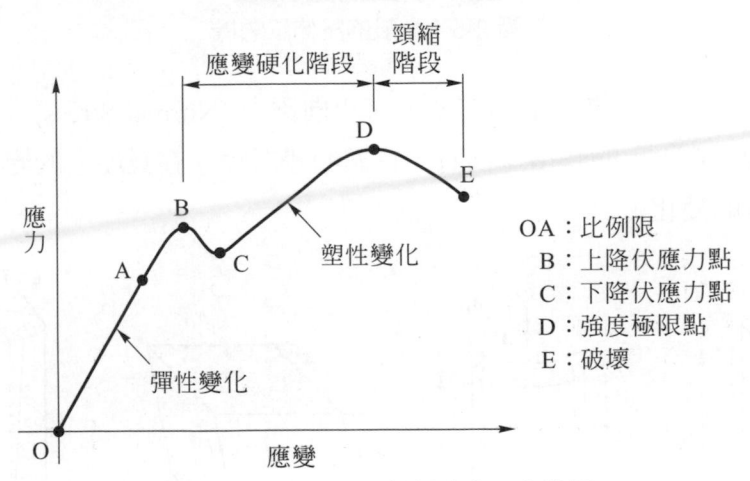

圖 2-4　典型的金屬材料應力 - 應變圖

💡 **知識大補帖**　**名詞解釋**

　　楊氏模數 (Young's Modulus)，也稱為**彈性模數** (Elastic Modulus)，是衡量施加應力在物體時，物體抵抗彈性變形的量。

　　降伏強度 (Yield Strength)，它是使物體呈現永久變形所需要最小的應力。物體可以承受最大的應力，稱為**極限抗拉強度** (Ultimate Tensile Strength)，如圖 2-4 中的 D 點。

　　以上所述之拉伸試驗則是由如圖 2-5 所顯示的拉伸試驗機台 (Tensile Testing Machine) 所進行的。

圖 2-5　一般的拉伸試驗機

　　依照作用力在物體上的方式，有正向應力 (Normal Stress)、剪應力、扭矩如圖 2-6 所示的類型；同時，物體的變形除了在長度上的變化之外，也有角度的變化。

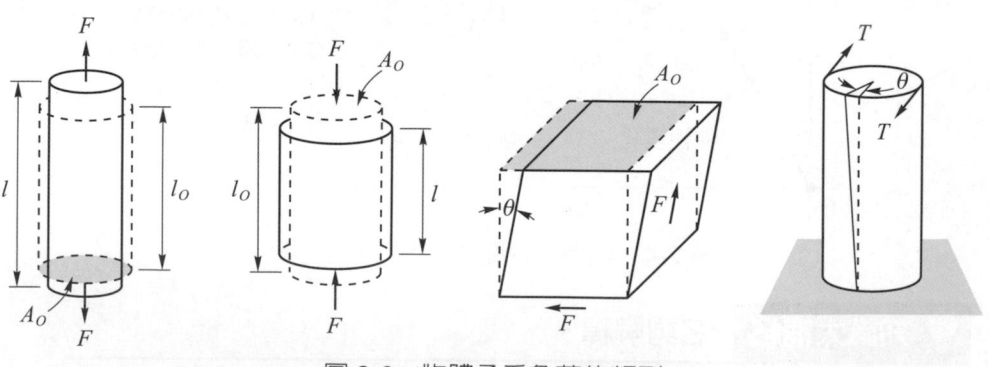

圖 2-6　物體承受負荷的類型

　　基本上可以依據各類材料的應力 - 應變曲線之間的一些共同特徵，將材料分為兩大類；即韌性材料 (Ductile Material) 和脆性材料 (Brittle Material)。韌性材料包括結構鋼和許多其他金屬的合金，具有在常溫下降伏的能力；而脆性材料則包括鑄鐵、玻璃和石材等，其特性是發生斷裂時，伸長率沒有任何預先明顯的變化，甚至有時在降伏之前就已斷裂。

知識大補帖　疲勞

　　在材料科學中，疲勞是由於循環負荷 (Cyclic Loading) 導致材料中裂痕的產生和擴展。一旦疲勞裂痕 (Fatigue Crack) 開始，它在每個加載循環中都會少量增長，通常會在斷裂表面的某些部分產生裂痕。裂痕將繼續增長，直到達到臨界尺寸，當裂痕的應力強度超過材料的斷裂韌性時，就會發生這種情況，產生快速擴展，通常會導致結構完全斷裂。

　　例如沒有工具的時候，要把鐵絲切斷時，你會把鐵絲凹來凹去，多重複幾次之後，鐵絲就會斷裂。這個凹來凹去的動作就是循環負荷。雖然對鐵絲的作用力不大，無法將鐵絲拉斷，但是在重複的作用下，鐵絲的疲勞強度會降低，達到斷裂的情況，所以導致疲勞損壞的應力值通常遠小於材料的降伏強度。

　　材料的疲勞性能通常是以 S-N 曲線來表示，其中 S 為循環應力，N 為失效的循環數目，典型的 S-N 曲線則如圖 2-7 所示。

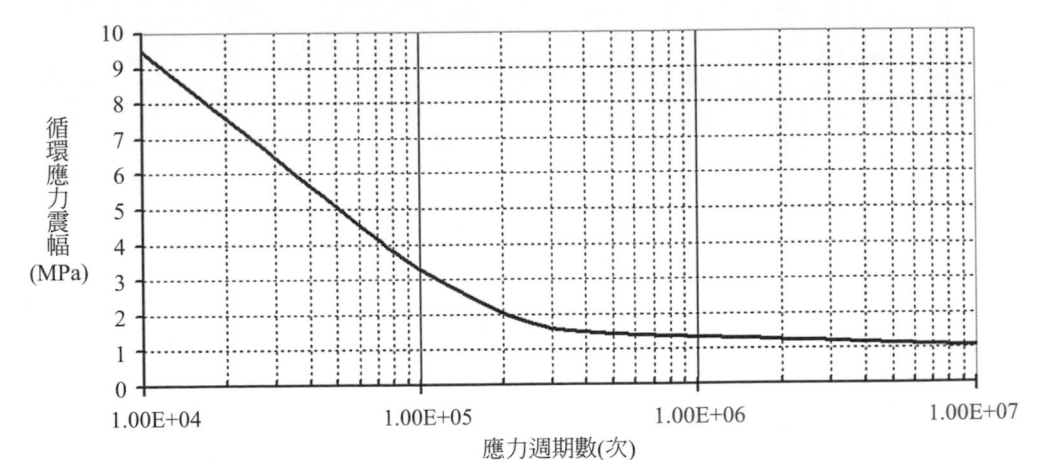

圖 2-7　典型的 S-N 曲線

問題與討論 ?!

1. 什麼是材料疲勞？

2. 碳鋼之中添加何種金屬材料會產生出不鏽鋼？

3. 試繪出一般材料的應力 - 應變圖並指出降伏強度與極限拉伸強度。

4. 何謂輕金屬？常用的輕金屬材料有哪些？

5. 材料的疲勞性能通常是如何表示？

專業英文詞彙

A

(Alloy)	合金
(Aluminum)	鋁

B

(Brass)	黃銅
(Brittle Material)	脆性材料

C

(Chromium)	鉻
(Copper)	銅
(Cyclic Loading)	循環負荷

D

(Deformation)	變形
(Ductile Material)	韌性材料

E

(Elastic Deformation)	彈性變形
(Elastic Modulus)	彈性模數

F

(Fatigue)	疲勞
(Fracture)	斷裂

G

(Gold)	金

H

(Hook's Law)	胡克定律

L

(Linear Regression)	線性回歸

M

(Magnesium)	鎂

(Malleability)	延展性
(Mercury)	汞

N

(Nickel)	鎳
(Normal Stress)	正向應力

P

(Plastic Deformation)	塑性變形

S

(Shear)	剪應力
(Silicon)	矽
(Silver)	銀
(Stainless Steel)	不鏽鋼
(Steel)	鋼
(Strain)	應變
(Stress)	應力

T

(Titanium)	鈦
(Torque)	扭矩
(Toughness)	韌性

U

(Ultimate Tensile Strength)	極限抗拉強度
(Uranium)	鈾

Y

(Yield Strength)	降伏強度
(Young's Modulus)	楊氏模數

Z

(Zinc)	鋅

03

材料科學與工程
Material Science and Engineering

材料科學 (Material Science) 是一門跨學科領域的科學，通常也稱為材料科學與工程，融合了物理、化學和工程的元素同時也是法醫工程和故障分析重要的一部分，進行材料、產品、結構或組件的調查，當這些物品發生故障或無法按預期運行時，可能導致人身傷害或財產損失，所以針對這些物品進行調查，常常是各種飛安事故的關鍵。

我們身邊有許多的材料，可以在從建築物、汽車到太空船的任何物件中找到，其主要類別為金屬、半導體 (Semiconductors)、陶瓷 (Ceramics) 和塑膠 (Plastics) 或稱聚合物 (Polymers)。正在開發的新型先進材料包括奈米材料 (Nanomaterials)、生物材料 (Biomaterials) 和能源材料 (Energy Materials) 等。

圖 3-1　知名建築雪梨歌劇院

⚙ 陶瓷 (Ceramics)

是一種質硬、脆性、耐熱和耐腐蝕的材料，是一種固體無機的 (Inorganic) 非金屬氧化物、氮化物或碳化物材料。主要是藉由包含金屬，非金屬或準金屬原子的離子鍵和共價鍵所形成的無機化合物，通過成型然後在高溫下燒製無機非金屬材料 (例如黏土) 製成，常見的例子為陶器，瓷器和磚頭。

圖 3-2　瓷器

　　陶瓷材料是經由成形 (Forming)、燒結 (Sintering) 程序而製成的，通常分為傳統陶瓷材料和新型陶瓷材料。傳統的陶瓷材料中有黏土 (Clay) 和氧化鋁 (Alumina) 等。陶瓷材料一般硬度較高，抗壓抗剪性強，但可塑性與抗拉性較差；可以承受在酸性或腐蝕性環境中發生的化學腐蝕；通常可以承受非常高的溫度，範圍從 1,000°C 到 1,600°C。

圖 3-3　陶瓷製作

　　新型陶瓷材料主要以高純、超細人工合成的無機化合物為原料，採用精密控制工藝燒結而製成。其成分主要為氧化物 (Oxides)、氮化物 (Nitrides)、硼化物 (Borides) 和碳化物 (Carbides) 等。陶瓷材料的特殊性在材料工程、電機工程、化學工程和機械工程中產生了許多應用。

知識大補帖 陶瓷材料

由於陶瓷具有耐熱性 (Heat Resistance)，因此它們可用於金屬和聚合物等材料不適合運用的場域。陶瓷材料廣泛地應用於航太、醫藥、食品和化學工業以及電子等領域。

⚙ 塑膠 (Plastics)

塑膠材料可說是現代應用最廣泛的非金屬材料，是多種以聚合物為主要成分的合成或半合成材料。其種類繁多，應用於各種不同的領域，和一般金屬材料比，最大的優點就是質量輕、具有可塑性 (Plasticity)、生產成本低、絕緣性和抗腐蝕性佳。在強度上，有許多的塑膠材料比金屬材料也毫不遜色。日常生活及工程應用上常用的塑膠袋、保特瓶、汽車零件、家庭電器等不勝枚舉。近年來在醫學方面，所發展的生醫材料也有許多採用塑膠材料，而其主要缺點為不耐高溫。

圖 3-4　塑膠袋

圖 3-5　保特瓶

塑膠聚合物的種類雖然很多，但是基本元素卻只有八種，其中碳 (Carbon) 是主要元素，另外有氫 (Hydrogen)、氮 (Nitrogen)、氧 (Oxygen)、氯 (Chloride) 等。塑膠材料通常是經過工業系統製造的，大多數的現代塑膠材料來自天然氣或石油等化石燃料化學品；然而，最近的工業方法使用由可再生材料製成的變體，例如玉米或是棉花的衍生物。

　　塑膠材料的可塑性使得其可以被模壓 (Mold)、擠壓 (Extrude) 或壓製 (Press) 成各種形狀的固體物體，通常是使用像是天然氣或石油類的化學物質，通過工業系統製造的，可根據聚合物的主鍊 (Backbone) 和側鏈 (Side Chain) 的化學結構進行分類。這種分類方式的重要類別包括丙烯酸樹脂 (Acrylics)、聚酯 (Polyesters)、有機矽 (Silicones)、聚氨酯 (Polyurethanes) 和鹵素塑膠 (Halogenated Plastics)。還有其他基於特定用途與製造或產品設計相關的分類，例如熱塑性塑膠 (Thermoplastics)、熱固性塑膠 (Thermosets)、導電聚合物 (Conductive Polymers)、可生物降解塑膠 (Biodegradable Plastics) 和工程塑膠 (Engineering Plastics)。

　　熱塑性塑膠在加熱時其化學成分不發生化學變化，所以可以重複成型，其中包括聚乙烯 (Polyethylene，PE)、聚丙烯 (Polypropylene，PP)、聚苯乙烯 (Polystyrene，PS) 和聚氯乙烯 (Polyvinyl Chloride，PVC)；熱固性塑膠只能熔化和成型一次，在固化之後，會維持爲固態。如果重新加熱，熱固性塑膠會分解而不是熔化。

 知識大補帖　**塑膠用途**

　　在已開發的國家中，大約三分之一的塑膠材料用於包裝、建築物中的管道或壁板等應用中使用的塑料大致相同。其他用途包括汽車 (高達 20% 的塑膠材料)、家具和玩具。

　　在開發中的國家裡，塑膠材料的應用會有所不同，例如印度，超過 40% 的消耗用在包裝上。在醫療的領域當中，有許多的植入物 (Implant) 和其他醫療耗材大多使用塑膠材料。

　　各種材料選擇的主要考慮因素之一是它們的物理性質，這些物理性質可以用作衡量各種材料相對於另一種材料的優勢指標，從而有助於材料的選擇。例如密度 (Density)、熔點 (Melting Point)、比熱 (Specific Heat)、導熱係數 (Thermal Conductivity)、熱膨脹 (Thermal Expansion) 和耐腐蝕性 (Corrosion Resistance) 等，材料的物理性質可能對零件的製造和使用壽命產生重要影響。例如，高速機床需要輕巧的組件以減小慣性力 (Inertia)，從而防止機床過度的振動 (Vibration)。以下選取幾項重要的物理性質進行說明：

1. 密度：材料的密度是單位體積 (Volume) 的質量 (Mass)，單位是 $kg \cdot m^{-3}$。另一個常用的術語是比重 (Specific Weight)，它表示材料相對於水的密度，因此沒有單位。減輕重量對於飛機和航太載具結構，汽車車身和零件以及其他主要關注於能量消耗和功率限制的產品，特別地重要。

2. 熔點：金屬的熔點高低取決於分離其原子所需的能量大小。金屬合金的熔化溫度可以有很大的範圍 (取決於其組成)，並且與具有確定熔點的純金屬的熔化溫度不同。在選擇材料時，組件或結構被設計產生作用的溫度範圍是重要的考慮因素。

圖 3-6　金屬熔化

3. 比熱：比熱的定義是將單位質量的物體，溫度升高一度所需的能量，亦稱為熱容量 (Heat Capacity)，單位是 $kJ \cdot kg^{-1} \cdot C^{-1}$。合金元素對金屬的比熱影響相對較小。因為機器加工操作導致的工件溫升是所完成的工作以及工件材料的比熱的函數，所以工件的溫升過高，會造成工件的表面粗糙度和尺寸精度不利的影響，而降低產品的品質，可能導致過度的工具磨損，並產生材料中不良的冶金 (Metallurgic) 變化。

4. 熱導率：熱導率表示熱量在材料內流動的速率。金屬通常具有較高的導熱性，而陶瓷和塑膠材料則具有較差的導熱性。當通過塑性變形或摩擦產生熱量時，工件應以足夠高的速率將熱量帶走，以防止溫度急劇升高。例如，加工鈦時遇到的主要困難是其熱導率非常的低。低導熱率也會導致較高的熱梯度 (Gradient)，從而導致金屬加工過程中工件的不均勻變形。

5. 熱膨脹：是指物質響應溫度變化而改變其形狀、面積、體積和密度的趨勢，通常不包括相的變化。材料的熱膨脹會產生許多顯著的影響，特別是組件中不同材料的相對膨脹或收縮，例如機械中的運動零件，這些零件需要一定的間隙才能正常的運作。熱膨脹係數 (Coefficient of Thermal Expansion) 描述了物體的大小如何隨溫度的變化而變化。具體來說，熱膨脹係數是固定壓力下所測量的每度溫度變化之尺寸變化量，當熱膨脹係數較低時，表示物體的尺寸變化較小，其類型包含體積係數、面積係數和線性係數。干涉配合就是利用材料的熱膨脹和收縮來進行零件的組裝，例如法蘭接頭將零件安裝在軸上。首先需將零件加熱，然後在室溫下把高溫零件滑過軸，當零件冷卻時收縮裝配在軸上，有效地成為不可或缺的組件。

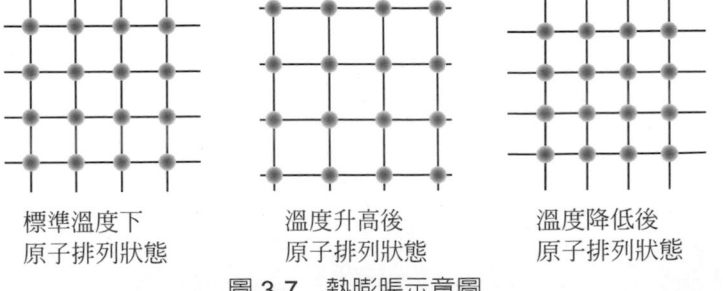

標準溫度下　　　　溫度升高後　　　　溫度降低後
原子排列狀態　　　原子排列狀態　　　原子排列狀態

圖 3-7　熱膨脹示意圖

6. 耐腐蝕性：腐蝕一詞本身通常是指金屬和陶瓷的退化 (Degeneration)，而塑膠材料中的類似現象通常稱爲惡化 (Deterioration)。金屬，陶瓷和塑膠材料都容易受到腐蝕。腐蝕不僅會導致組件和結構的表面變質，還會降低其強度和結構完整性。耐腐蝕性取決於材料的成分和特定的環境，腐蝕性媒介物質可能是化學藥品 (酸，鹼和鹽)，環境 (氧氣，濕氣，污染和酸雨) 和水 (淡水或鹽水)。有色金屬，不鏽鋼和非金屬材料通常具有較高的耐腐蝕性。鋼 (Steel) 和鑄鐵 (Cast Iron) 的抗腐蝕性能力通常很差，必須通過各種塗層和表面處理加以保護。

問題與討論 ?!

1. 試例舉塑膠材料的優點 (兩項即可) 與缺點？
2. 何謂熱塑性塑膠？
3. 試簡述陶瓷材料的特性。
4. 比熱的定義爲何？比熱的單位爲何？
5. 何謂熱膨脹係數？

專業英文詞彙

A

(Alumina)	氧化鋁

B

(Backbone)	主鍊
(Biodegradable Plastics)	可生物降解塑膠
(Biomaterials)	生物材料
(Borides)	硼化物

C

(Carbides)	碳化物
(Carbon)	碳
(Cast Iron)	鑄鐵
(Ceramics)	陶瓷
(Chloride)	氯
(Clay)	黏土
(Coefficient of Thermal Expansion)	熱膨脹係數
(Conductive Polymers)	導電聚合物
(Corrosion Resistance)	耐腐蝕性

D

(Degeneration)	退化
(Density)	密度
(Deterioration)	惡化

E

(Energy Materials)	能源材料
(Engineering Plastics)	工程塑膠
(Extrude)	擠壓

F

(Forming)	成形

G

(Gradient)	梯度

H

(Heat Capacity)	熱容量
(Heat Resistance)	耐熱性
(Hydrogen)	氫

I

(Implant)	植入物
(Inertia)	慣性力
(Inorganic)	無機的

M

(Mass)	質量
(Material Science)	材料科學
(Melting Point)	熔點
(Metallurgic)	冶金的
(Mold)	模壓

N

(Nanomaterials)	奈米材料
(Nitrides)	氮化物
(Nitrogen)	氮

O

(Oxides)	氧化物
(Oxygen)	氧

P

(Plasticity)	可塑性
(Plastics)	塑膠
(Polyethylene, PE)	聚乙烯
(Polymers)	聚合物
(Polypropylene, PP)	聚丙烯
(Polystyrene, PS)	聚苯乙烯
(Polyvinyl Chloride, PVC)	聚氯乙烯
(Press)	壓製

S

(Semiconductors)	半導體
(Side Chain)	側鏈
(Sintering)	燒結
(Specific Heat)	比熱
(Specific Weight)	比重

T

(Thermal Conductivity)	導熱係數
(Thermal Expansion)	熱膨脹
(Thermoplastics)	熱塑性塑膠
(Thermosets)	熱固性塑膠

V

| (Vibration) | 振動 |
| (Volume) | 體積 |

NOTE

04

公差、配合與表面粗糙度
Tolerance, Fit, and Surface Roughness

　　各個零件的加工是依據設計者針對零件的功能，進行材料選取、尺寸設計與加工方式。但是零件所設計的尺寸與其實際加工的尺寸會有所差異，爲了零件的功能性與互換性，以及零件質量和成本等因素，則需要仔細研究零件之間的公差 (Tolerance)、配合 (Fit) 和表面粗糙度 (Surface Roughness)。幾何尺寸和公差 (Geometric Dimensioning and Tolerance, GD&T) 是一個用於定義和溝通工程公差的系統，可在工程圖中和電腦產生的三維實體模型上使用各種符號明確地描述標示的 (Nominal) 幾何形狀及允許的變化。可告知製造人員和機器相關零件的每個特徵所需的準確度和精密度，並用於定義零件和裝配體的標示幾何形狀。設計元件的時候需要有個概念，就是在實際製作時，會因爲製造方法、操作者的技術、機器的性能與製造成本的因素，加工完成的元件所量測的尺寸與設計的尺寸不同，這兩種尺寸之間一定會有誤差。但是需要明確定義容許的誤差範圍，這容許誤差的範圍就稱爲「公差」，公差越小表示對元件的性能和品質要求較高，相對的所需要的成本也越高。

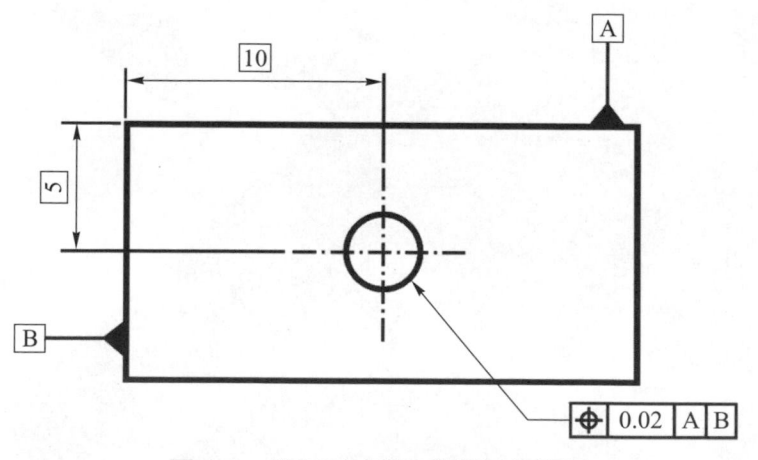

圖 4-1　幾何尺寸和公差標示的範例

　　公差可以應用於任何尺寸，常用的術語有：

1. 基本尺寸 (Basic Size)：軸 (或螺栓) 和孔的公稱直徑 (Nominal Diameter)。通常對於兩個配合的組件，其基本尺寸是相同的。

2. 下偏差 (Lower Deviation)：組件最小可能尺寸與基本尺寸之間的差異。

3. 上偏差 (Upper Deviation)：組件最大可能尺寸與基本尺寸之間的差異。

4. 基本偏差 (Fundamental Deviation)：組件與基本尺寸之間的最小尺寸差異。

    例如在設計圖中，若記為「$50 {}^{+0.35}_{-0.10}$」，即表示基準尺寸為 50，「${}^{+0.35}_{-0.10}$」為上限及下限的公差。因此，上限值為 50.035，下限值為 49.990。

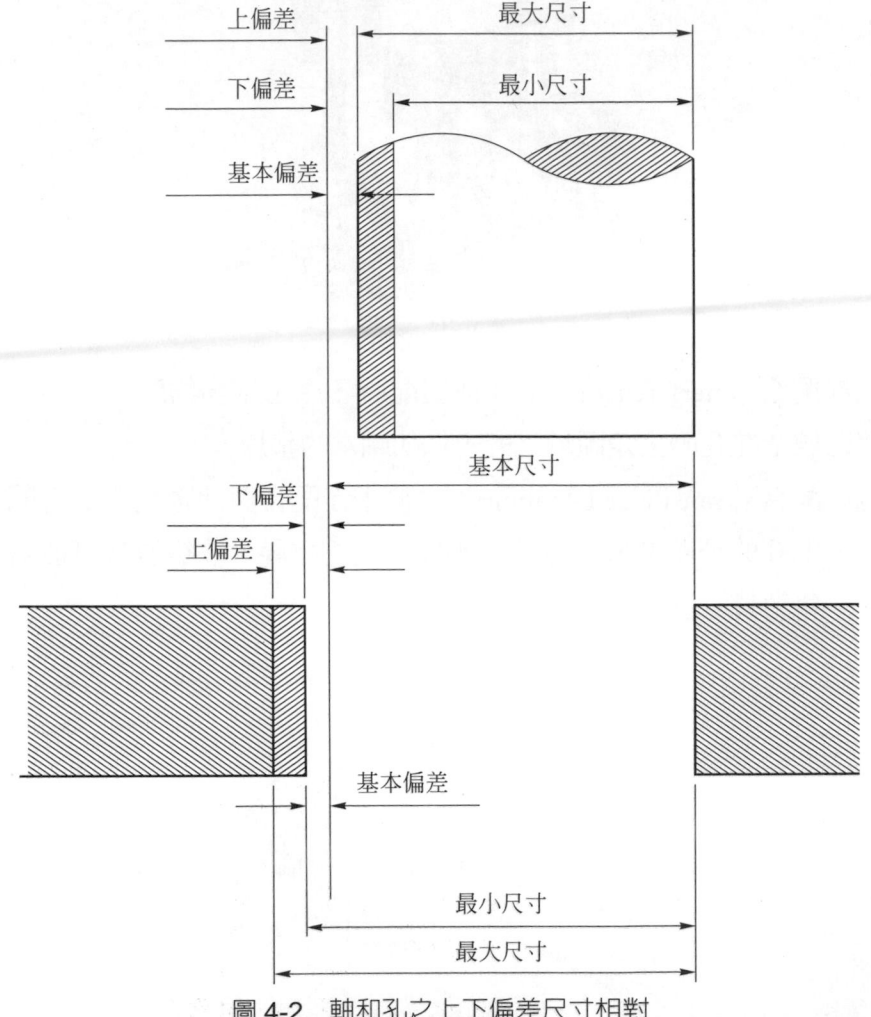

圖 4-2　軸和孔之上下偏差尺寸相對

　　所有的產品都是由至少兩個以上的元件組合而成，所以每兩個互相配合的元件裝配後的鬆緊程度，稱為「配合」(Fit)，即相配合的元件在各種公差組合下，所得的緊度範圍。工程配合通常被描述為「軸和孔」的配對，但不一定僅限於圓形工件，ISO 則是定義工程配合的國際公認標準。配合的種類有三種：

1. 餘隙配合 (Clearance)：兩元件裝配時，產生間隙的配合，即孔的公差區域全在軸的公差區域之外，例如活塞和閥件。

圖 4-3　活塞

2. 干涉配合 (Interference)：兩元件裝配時，產生干涉的配合，即軸的公差區域全在孔的公差區域之外，例如軸承的墊片。

3. 過度配合 (Transition, Location)：介於干涉配合與餘隙配合二者間的配合，即孔的公差區域與軸的公差區域互相重疊，在組裝時可能需要施加一些力量，例如軸鍵。

圖 4-4　軸鍵

設計的原則通常可從合理的生產與成本來了解，其順序可能會根據設計要求或因素而有所不同，但總體的重要性並不會改變。其原則如下所列：

1. 追求簡單 (Simplicity)：在功能和物理特性上實現最大程度簡化的設計。
2. 選擇最佳加工方法 (Production Method)：尋求生產工程師 (Engineer) 的協助，以最經濟的生產方法進行設計。
3. 材料分析 (Material)：選擇適合低成本生產和設計所需求的材料。
4. 去除治具 (Fixturing) 與夾具 (Handle) 問題：所設計之工件易於定位，設置和固定。
5. 使用最大可接受的公差和表面粗糙度 (Maximum Acceptable Tolerances and Surface Roughness)：設定工件的表面粗糙度和精度不得大於欲設計零件或機構的指定值以及預期製造方法相對應的值。

表面粗糙度通常簡稱為粗糙度，是表面紋理的一個組成部分，通常是藉由垂直表面方向的差異來量化。如果偏差很大則表面粗糙；如果很小那麼表面是光滑的。加工過的元件截面輪廓形狀是複雜的，一般包括表面粗糙度，表面波紋度和形狀誤差，三者通常按照波距 (兩波峰或兩波谷之間的距離) 來劃分：波距小於 1mm 的屬於表面粗糙度；波距在 1 ～ 10mm 的屬於表面波度；波距大於 10mm 的屬於形狀誤差。

表面粗糙度表示了加工元件表面上的微觀幾何形狀的差異。其形成原因包括加工過程中刀具和零件表面間的摩擦、切削分離時表面金屬層的塑性變形以及機械系統的高頻振動等。在摩擦學中，粗糙表面通常比光滑表面磨損得更快，摩擦係數更高。粗糙度通常是機械部件性能的良好預測指標，因為表面的不規則性可能會形成裂紋或腐蝕的成核點。表面粗糙度會影響到元件使用的性能，包括：

1. 耐磨：表面越粗糙，磨損越快。
2. 配合穩定性：表面越粗糙，配合越不穩定。
3. 疲勞強度：表面越粗糙，疲勞強度越低。

4. 耐腐蝕性：表面越粗糙，越容易引起表面鏽蝕。

5. 密封性：表面越粗糙，密封性越差。

　　表面粗糙度 (單位為 μm) 使用許多不同的粗糙度參數，常用三個指標來評定：輪廓的平均算術偏差(Ra)、不平度平均高度(Rz)和最大高度(Ry)，Ra 是迄今為止最常見的，因為早期的粗糙度儀只能測量 Ra，圖 4-5 為表面粗糙度參數之示意圖。粗糙度可以通過與「表面粗糙度比較器」(已知表面粗糙度的樣品) 進行手動比較來測量，但更一般地，表面輪廓測量是使用表面輪廓儀 (Profilometer) 來進行的。表面輪廓儀是一種測量儀器，用於測量表面的輪廓，以量化其粗糙度。從表面形貌計算出台階、曲率、平整度等關鍵尺寸，這種儀器可以是接觸式的 (通常是金剛石筆) 或是光學式的 (例如：白光干涉儀或激光掃描共聚焦顯微鏡)。

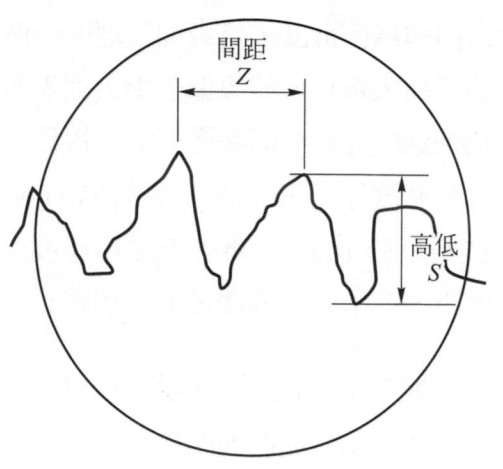

圖 4-5　表面粗糙度參數示意圖

知識大補帖 **互換性**

　　一般而言，由於大多數製造商之間的競爭非常激烈，因此需要尋找降低成本的方法。所以訂定適當的公差或是表面粗糙度，有機會降低製造的成本。在最終產品或是沒有生產設計的過程中，工件的尺寸公差與表面粗糙度都是很重要的因素。無論生產元件的數量如何，互換性 (Interchangeability) 都是產品成功的關鍵之一。同時要記住，每一種生產的方法都具有公認的精度 (Accuracy) 品質，才不會超過基本的成本，而所謂的精度就是使零件達到預期機能所需要的精確程度。

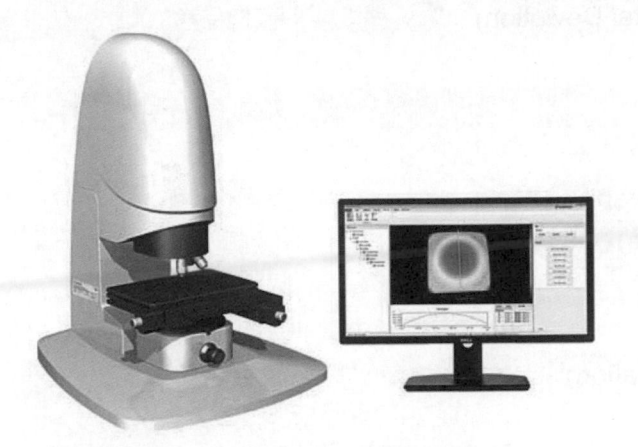

圖 4-6　光學式輪廓儀實體圖

問題與討論 ?!

1. 試說明公差的定義。
2. 何謂上偏差？
3. 試說明兩項零件設計時應有的原則。
4. 量測表面粗糙度的指標有哪三種？
5. 什麼是表面輪廓儀？
6. 試寫出下列名詞的英文：(a) 公差　(b) 偏差　(c) 干涉配合。

專業英文詞彙

A

(Accuracy)	精度
(ASME)	美國機械工程師協會

B

(Basic Size)	基本尺寸

C

(Clearance)	餘隙配合

F

(Fit)	配合
(Fixturing)	治具
(Fundamental Deviation)	基本偏差

H

(Handle)	夾具

I

(Interchangeability)	互換性
(Interference)	干涉配合
(ISO)	國際標準化組織

L

(Lower Deviation)	下偏差

N

(Nominal)	標示的
(Nominal Diameter)	公稱直徑

P

(Production Method)	加工方法

S

(Simplicity)	簡單
(Surface Roughness)	表面粗糙度

T

(Tolerance)	公差
(Transition, Location)	過度配合

U

(Upper Deviation)	上偏差

05

工具機
Machine Tool

本章內容針對傳統認知的機械工程領域所使用的工具機 (Machine Tool)，來了解工具機的專業知識。如果以生活中常遇見的問題來看，我們常需要利用剪刀來裁剪紙張，剪刀我們稱為手工具。那麼如果我們需要裁剪厚厚一疊紙張的時候，我們就會需要切紙機，切紙機也是利用人力來操作的。那麼如果我們需要裁剪金屬薄板的時候會使用什麼工具呢？我們會使用鐵皮剪 (或稱鐵皮鉗)。如果金屬板較厚時，我們就會使用金屬切割機、或是砂輪切斷機甚至是雷射切割機。

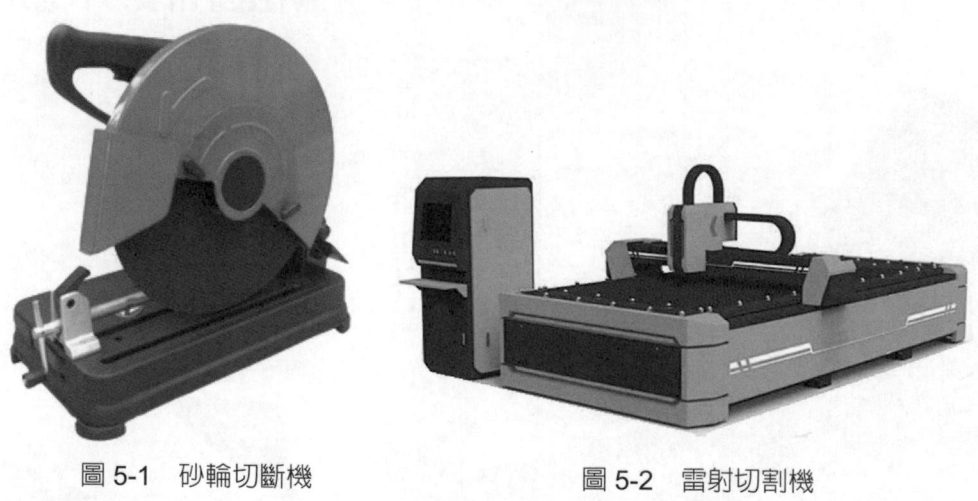

圖 5-1　砂輪切斷機　　　　　　　圖 5-2　雷射切割機

機械領域所謂的工具機通常是指利用切割 (Cutting)、鏜孔 (Boring)、鑽孔 (Drilling)、磨削 (Grinding)、剪切 (Shearing) 或其他形式的變形來處理或加工金屬 (或其他剛性材料) 的機器，是製造機械零件過程中重要的設施。由此可知機械領域的工具機主要是針對金屬進行加工的機器，當然這些工具機也可用來對塑膠材料和陶瓷材料進行加工。另外所有的工具機都有一定固定工件的方法，並且提供工具機零件的導向運動。因此，工件和切削刀具之間的相對運動 (通常稱為刀具路徑 (Toolpath))，至少在某種程度上，是由機器來控制或固定的。工具機根據工件不同的材料性質和產品的要求，例如工件製成所需的形狀、尺寸及表面精度，而有加工形式的差異。

傳統的機械加工方法就是我們經常聽到的車 (Lathe)、鉗 (Benchwork)、銑 (Mill)、刨 (Plane) 和磨 (Grind)。而隨著機械科技的發展，在機械加工方面，還出現了電鍍 (Plate)、線割 (Line Cut)、鑄造 (Cast)、鍛造 (Forge) 和粉末燒結 (Sinter) 等，工具機則是因著各種不同加工的程序，所需使用的機器。以下則針對幾種常用的工具機進行簡略的介紹。

⚙ 車床 (Lathe)

一般認為車床是最早開發的機器，約在 1750 年發明。車床的作用主要在進行零件外圓、端面與塘孔 (Boring) 加工而設計的機器。車工進行的方式主要是藉由轉動零件，再藉由控制刀具行進的路徑，將工件切削成要求的形狀。最常見的車床的基本組件是床台 (Bed)、床架 (Headstock)、尾架 (Tailstock) 和托架 (Carriage)，如圖 5-3 之示意圖。零件固定在床架上旋轉，而零件的另一端則由尾架支撐，床架包括驅動齒輪與變速裝置，刀具則固定於尾架上，托架則提供尾架與旋轉軸之平行移動。

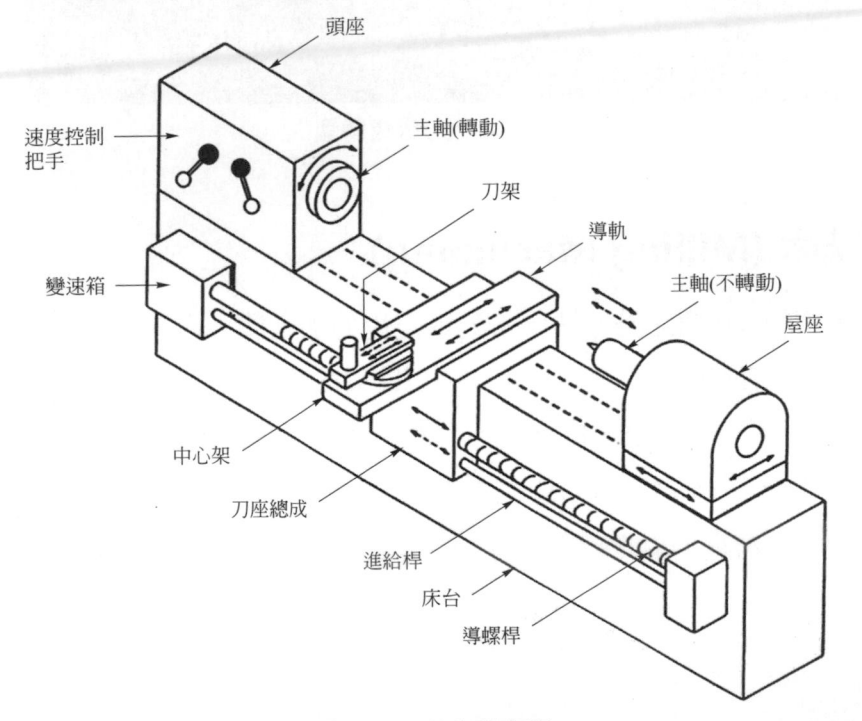

圖 5-3　車床示意圖

　　車床刀具沿著平行旋轉軸線運動時，可以加工出內圓柱面與外圓柱面；而錐面的形成，則是將刀具沿與旋轉軸線相交的斜線運動所得出；旋轉曲面的形成是控制刀具沿著一條曲線進給而得。此外螺紋面、端平面以及偏心軸的加工等也可以用車床來進行加工。普通車床的加工偏差，則取決於操作者的技術熟練度而定。車工的成形零件大多為圓型棒或圓管、螺桿紋或螺牙等為目標，同時也能做一些簡單鑽孔的工作。在現代的生產工廠之中，普通車床已經被種類繁多的自動車床、數控車床所取代。

圖 5-4　車床實體圖

⚙️ 銑床 (Milling Machining)

　　繼車床的介紹之後，銑床是最常使用的加工機，約在西元 1860 年左右所開發出來的機器。其加工方式係以旋轉的銑刀，對固定於銑床之零件進行加工，藉由旋轉銑刀的前後、左右、上下三軸移動，去除零件多餘的材料。銑床的主軸上設置刀座，可更換不同的銑刀刀具，藉由去除金屬塊對工件進行銑邊、銑面、銑溝、鑽孔及搪孔等加工。

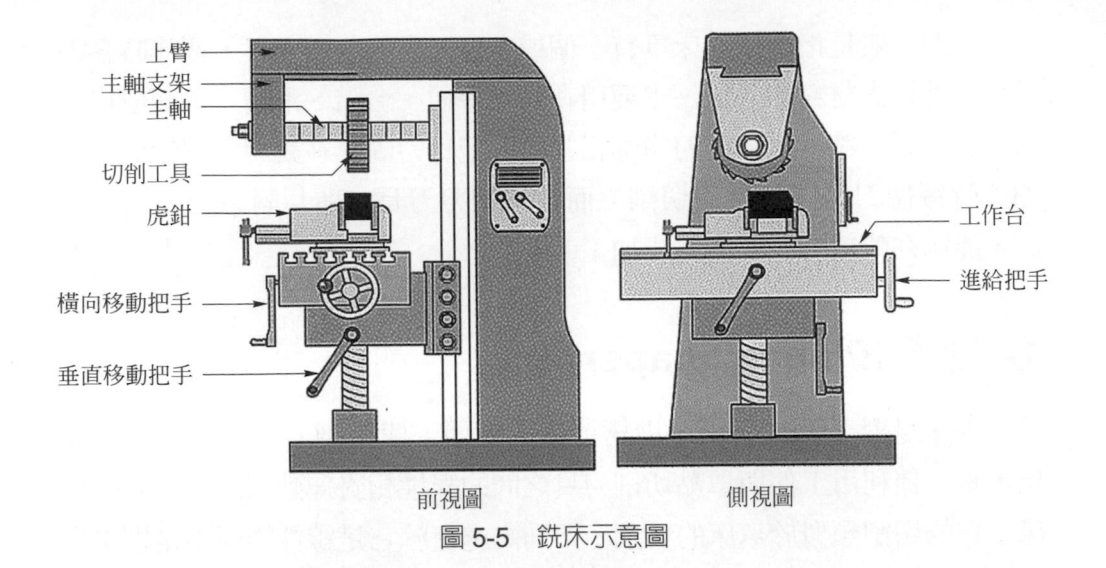

上臂
主軸支架
主軸
切削工具
虎鉗
橫向移動把手
垂直移動把手
工作台
進給把手

前視圖　　　　　　　側視圖

圖 5-5　銑床示意圖

　　銑床的形式有以小型為主的懸臂式銑床與大型的龍門式銑床，銑床的加工構造是以主軸為 Z 軸旋轉刀具進行上下移動，而零件則以 XY 平面運動進行前後和左右的移動。旋轉刀具 (銑刀) 由上往下進行銑削，對於少量或是大量的生產，銑床都能進行非常經濟的加工。

圖 5-6　銑床實體圖

銑刀一般是指用於銑床具有一個或多個刀齒的旋轉刀具，運作時各刀齒依次地切去材料的餘量，主要用在加工平面、台階、溝槽、表面成形和切斷工件等。銑刀上每個刀齒都相當於一把車刀固定在銑刀的迴轉面上，加工時每個刀齒同時參與切削，而且切削刀刃長，所以對金屬的切削率高，能夠在較短的時間內完成加工。

⚙ 刨床 (Planer, Shaper)

刨床是對工件的平面、溝槽或成形表面，使用刨刀進行刨削的工具機，是一種利用工件與單點切削刀具之間的線性相對運動來加工工件的機床。它的切削類似於車床的切削，不同之處在於它是線性的而不是螺旋形的。它有兩種形式：工件在滑軌上移動，而刨刀固定 (Planer)；另一種則是工件固定，而刨刀移動 (Shaper)。

刨床 (Shaper Machine) 是用於對工件生產水平、垂直或傾斜平面的機器，而新一代成型機還可以在材料上產生彎曲或傾斜的輪廓表面，是一種利用工件與單點切削刀具之間的線性相對運動來加工工件的機床。刨床處於往復運動模式，單點刀具固定在滑枕內，工件固定在工作台上。使用刨床加工，刀具較簡單，但生產率較低，在大批量的生產中往往被銑床所代替。刨床亦可用來加工凹槽 (Notch) 與鍵槽 (Keyway)。

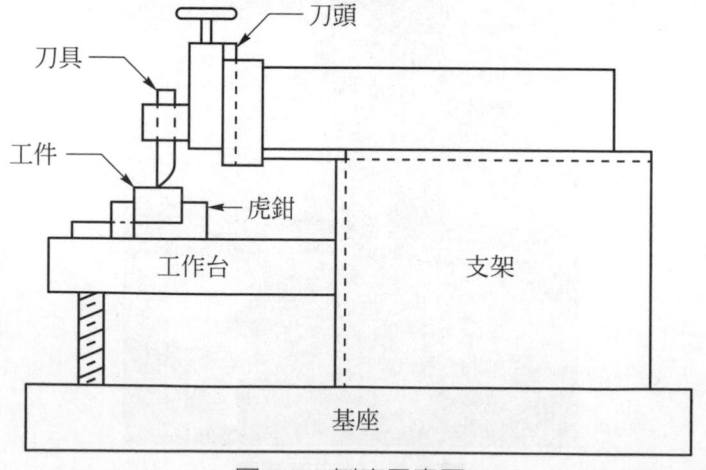

圖 5-7　刨床示意圖

　　刨床的零件包含基座 (Base)：機器的底座是機器的主體，爲其他零件的支撐，機器的底座設計用於承載機器的重量並以螺栓固定；支架 (Column)：是由鐵材鑄造而成並安裝在基座上，它配有精密導軌，有滑塊在導軌上來回移動；導軌 (Cross-Rail)：安裝在支架上，使工作台的運動可以橫向移動；工作台 (Workbench Table)：經由螺栓固定在基座上，並從基座導軌接收橫向或垂直的運動，可藉由通過旋轉導桿來升高或降低；衝壓頭 (Ram)：刀具在導軌上來回移動，刀頭以單點刀具承載，衝壓頭向前進行切削運動，而反向帶動刀頭快速向後滑動，重複往返；刀頭 (Tool Head)：刀頭上裝有刀具，可旋轉螺絲向下進給，使刀具進行切削運動。

⚙ 放電加工機

　　放電加工機 (Electrical Discharge Machine, EDM)，是一種金屬加工的方式，它是藉由放電 (火花) 的方式來獲得工件所需的形狀，廣泛地應用於超硬材料、難加工材料和薄壁零件的加工。工件上的材料通過兩個電極之間的一系列快速重複的電流放電加以去除，工件爲一個電極 (或稱爲工件電極)，另一個電極稱爲刀具電極，或簡稱爲刀具或電極，兩個電極被介電液體 (Dielectric Liquid) 隔開並承受電壓，此過程中刀具和工件不進行物理接觸。

　　當兩電極間的電壓升高時，電極間的介電液體內的電場強度變大，產生電弧。結果從電極上去除了材料。一旦電流停止，新的介電液體被傳送到電極間體積，使固體顆粒 (碎屑) 被帶走，並恢復電介質的絕緣性能。在電極之間添加新的介電液體通常稱爲沖洗 (Flushing)。電流通過後，電極之間的電壓恢復到擊穿前的電壓，從而可以發生新的液體介電擊穿以重複循環。其類型包括成型機 (Sinker EDM)、線切割機 (Wire EDM) 與快速鑽孔機 (Fast Hole Drilling EDM)。

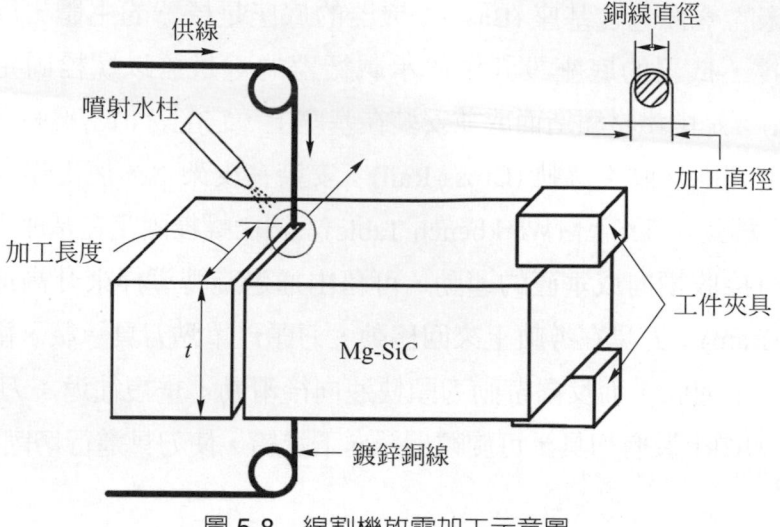

供線

噴射水柱

加工長度

t

Mg-SiC

鍍鋅銅線

銅線直徑

加工直徑

工件夾具

圖 5-8　線割機放電加工示意圖

問題與討論 ?!

1. 試問車床作動的方式為何？

2. 請說明車床的基本組件有哪些？

3. 試述銑床作動的方式為何？

4. 試寫出下列名詞的英文：(a) 銑床　(b) 車床　(c) 鍛造。

5. 試簡述放電加工的原理。

專業英文詞彙

A

(Arbor)	機軸

B

(Base)	基座
(Bed)	床台
(Benchwork)	鉗
(Boring)	鏜孔

C

(Carriage)	托架
(Cast)	鑄造
(Column)	床塔
(Cutter)	刀具
(Cutting)	切割

D

(Drilling)	鑽孔

F

(Forge)	鍛造

G

(Grind)	磨
(Grinding)	磨削

H

(Headstock)	床架

K

(Keyway)	鍵槽

L

(Lathe)	車；車床
(Line Cut)	線割

M

(Machine Tool)	工具機
(Mill)	銑
(Milling Machining)	銑床

N

(Notch)	凹槽

O

(Overhanging arm)	懸臂

P

(Plane)	刨
(Planer, Shaper)	刨床
(Plate)	電鍍

S

(Saddle)	台座
(Shearing)	剪切
(Sinter)	粉末燒結
(Spindle)	主軸

T

(Tailstock)	尾架
(Toolpath)	路徑

06

數值控制
Numerical Control

數值控制 (Numerical Control)

數值控制也稱為電腦數值控制 (Computer Numerical Control，CNC)，是藉由電腦對加工工具 (如車床、3D 列印機和床等機具) 進行的自動化控制。在先進製造技術領域中最基本的概念之一就是數值控制，在數值控制出現之前，所有的機床都是以手動操作 (Manual Operation) 的。在與手動控制機床的許多限制之中，也許沒有什麼比操作員技能的限制更為明顯。數值控制技術代表了人為控制機床的第一步，為了克服操作員的侷限性而開發了數控系統，數控機床比手動機床更準確，它們可以更均勻地生產零件，速度更快，並且長期的模具成本較低。數值控制的發展可用在任何描述運動和操作的過程，導致了製造技術中多項創新的發展如雷射切割 (Laser Cutting)、電子束銲接 (Electron Beam Welding)、超音波銲接 (Ultrasonic Welding) 和火焰與等離子切割 (Flame and Plasma Cutting)。

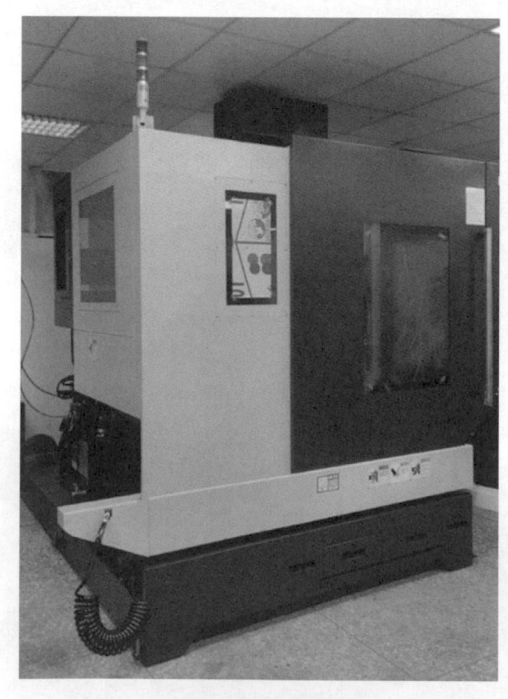
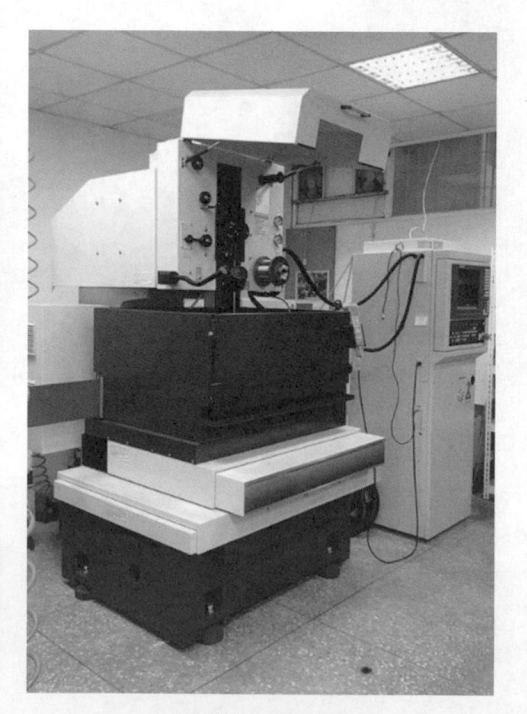

(a) 數值控制銑床　　　　　　　　　　(b) 數值控制線割機

圖 6-1　(a) 數值控制銑床與 (b) 數值控制線割機的實體照片

　　數值控制是指通過使用預先記錄的書面符號說明來控制機床和其他製造的系統，數值控制技術人員不是操作機床，而是透過撰寫編碼的程序或步驟的指令，來處理工件材料 (金屬、塑料、木材、陶瓷或複合材料) 以滿足規格，而無需手動操作員直接操作機床。數控機床通常是一個可操控、移動的加工工具和可操控的移動平台所組成的機器，機具上的加工工具和移動平台都是由一部電腦，依據特定的輸入指令來進行控制。這些指令都是以機器控制指令 (如 G 代碼 (G-code) 和 M 代碼 (M-code)) 的形式，依序傳送到 CNC 機床後再執行。指令程序可以由人編寫，或是電腦輔助設計 (CAD) 或電腦輔助製造 (CAM) 軟體產生。在現代數控系統中，機械零件的設計及其製造程序是高度自動化的，零件的物理尺寸使用 CAD 軟體定義，然後通過電腦輔助製造 (CAM) 軟體轉換為製造的指令，再透過「後處理」(Post Processor) 軟體轉換為特定機器生產工件所需要的特定命令，然後上傳到 CNC 機床之中。

　　從十九世紀開始就有機床控制自動化的概念，它是利用凸輪驅動的機床，到第一次世界大戰時期，基於凸輪的自動化已經達到了高度先進的狀態。但是透過使用凸輪的自動化與數值控制有著根本的不同，因為凸輪無法抽象地重新編寫程序。數值控制允許使用數字和程式語言等抽象概念將訊息從設計意圖轉移到機器控制。

 知識大補帖　**自動程式工具語言**

　　自動程式工具語言 (Automatically Programmed Tools, APT) 是 1956 年在麻省理工學院的伺服機構實驗室 (Servomechanism Laboratory) 所設計的，是一種用於數值控制的特殊程式語言，它使用類似於英語的語句來定義所有的幾何形狀，描述切削刀具的配置並指定必要的動作。

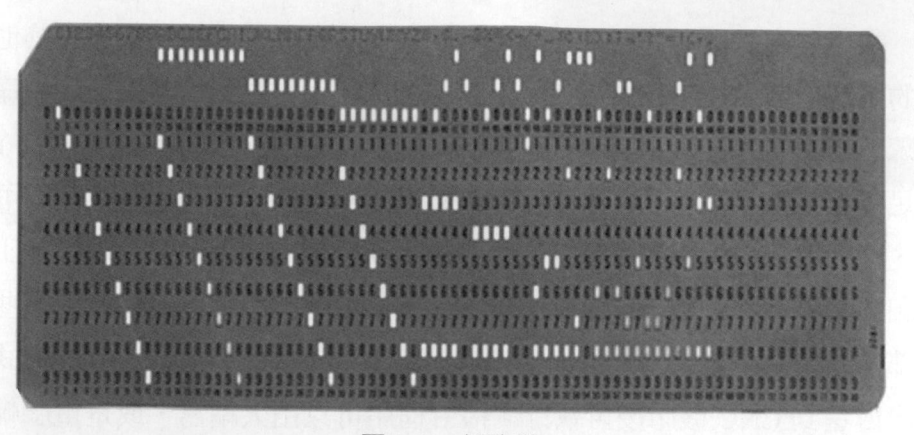

圖 6-2　打孔紙

原始的數值控制系統與今天使用的系統有很大的不同。指令的程式寫在打孔紙 (Punched Paper) 上，但是，此時數值控制的開發存在許多的問題。一個主要問題是打孔紙帶材質的易碎性 (Fragility)，在加工過程中，含有程式 (Program) 指令 (Instruction) 的紙帶經常斷裂或撕裂，由於在機器上連續生產零件的需求不斷增加，因此必須需要將具有已寫好程式指令的紙帶重新進入讀取器內。如果要生產給定的零件 100 件，那麼還需要將紙帶重新進入讀取器內 100 次。

後來是利用磁性膠帶 (Magnetic Plastic Tape) 代替。如此，導致了特殊的磁性膠帶的發展。紙帶上的程式指令是在帶上打的一系列孔洞，而磁帶上的指令則是一系列的磁點 (Magnetic Dot)，磁帶讀取器則針對機器來解釋磁帶上寫入的指令。磁帶比紙帶堅固得許多，解決了經常撕裂和斷裂的問題。但是，它仍然存在另外兩個問題。其中最重要的是，很難或幾乎不可能去更改磁帶上輸入的指令，即使在指令程序中進行最細微的調整，也必須中斷加工機的運作，並且重新製作磁帶。然而幸運的是電腦技術 (Computer Technology) 已經實現，並很快地解決了與打孔紙和磁帶相關的數值控制問題。

圖 6-3　磁性膠帶

　　直接數值控制 (Direct Numerical Control, DNC) 概念的發展，解決了機床通過數據傳輸和主機相連的問題，它取消了使用磁帶作為承載指令程式介質的方式，無需與數值控制相關的紙張和磁帶問題。直接數值控制又稱為分佈式數值控制 (Distributed Numerical Control，DNC)，是網絡數值控制機床的常用製造專有名詞。在某些 CNC 機床控制器上，可用內部記憶體太小而無法包含加工程式 (例如加工複雜表面) 時，直接數值控制將操作機床的指令程序儲存在主電腦中，並將所需要的指令通過數據傳輸方式傳輸到機床內。如果電腦連接到多台機器，它可以根據需要將程式分發到不同的機器。

　　當 CAM 程式要在某些 CNC 機床上進行控制時，總是需要 DNC 網絡或 DNC 通信。直接數值控制代表了使用打孔紙帶和磁帶技術的一大進步，但是，它也受到所有與依賴主機技術相同的限制。當主機發生故障時，機床也會同時需要停機。這一類型的問題形成了電腦數值控制技術的發展。

　　CNC 解譯器最新的發展是邏輯指令的支援，稱為參數程式 (Parametric Programming)(也稱為巨集程式 (Macro Programming))。參數程式包括設備指令以及類似於 BASIC 的控制語言，程式人員可以創建 If/Then/Else 的語句、循環、呼叫副程式、執行各種算術和操作變量，在一個程式中產生較大的自由度。

知識大補帖　電腦數值控制技術

　　微處理器 (Microprocessor) 的發展導致可程式邏輯控制器 (Programmable Logic Controllers, PLC) 和微電腦 (Microcomputer) 的發展，這兩種技術的開發則形成了電腦數值控制技術。使用電腦數值控制，每個機床都有一個可程式邏輯控制器或微電腦，它們可以達到相同的目的，這樣就可允許在每個單獨的機床上輸入和儲存程式，同時還允許離線 (Off-Line) 編寫程式並在單一的機床下載 (Download)。

　　數值控制控機床的實例包含數值控制銑床、數值控制車床、放電加工機 (Electrical Discharge Machining, EDM) 和線切割機 (Wire EDM)。

數值控制銑床

　　數值控制銑床的移動是由特定數字和字母所組成的程式，將主軸 (Spindle) 或工件移動到不同的位置和深度，其類型可為立式銑削中心 (Vertical Milling Center, VMC) 或臥式銑削中心 (Horizontal Milling Center)，係由其主軸的方向而定。數值控制銑床之功能包括：面銑 (Face Milling)、方肩銑 (Shoulder Milling)、攻絲 (Tapping)、鑽孔 (Drilling)，有些甚至提供車削 (Turning)。

圖 6-4　數值控制銑床

數值控制車床

數值控制車床則是在工件旋轉時對其進行切割，通常使用可轉動刀具和鑽頭進行快速、精確的切割，其控制規範通常是讀取 G 代碼與 CNC 銑床類似，一般有兩個軸 (X 和 Z)。

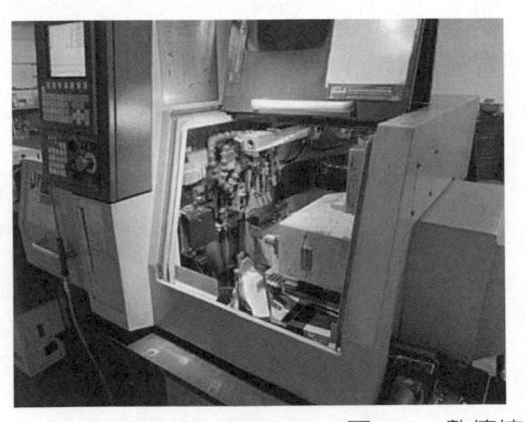

圖 6-5　數值控制車床

放電加工也稱為火花加工 (Spark Machining) 或是線腐蝕 (Wire Erosion)，是一種製造過程，使用放電 (火花) 的方式獲得所需要的形狀。通過兩個電極 (Electrode) 之間一系列的快速循環電流放電將工件上的材料去除，兩個電極之間由介電流體 (Dielectric Fluid) 隔開並承受電壓。其中一個電極稱為刀具電極，或簡稱為「刀具」或「電極」，而另一個稱為工件電極或「工件」。

線切割 (Wire EDM)

線切割是利用移動的電極絲，以電火花腐蝕的方式去除導電材料上的材料，電極絲通常由黃銅或鍍鋅黃銅材料製作而成。線切割的加工方式允許接近 90 度的拐角，並且對加工材料所施加的壓力非常小。由於線材在此過程中會被腐蝕，所以線切割機從線軸中需要送入新的線材，同時將用過的線材進行回收利用。

問題與討論 **?!**

1. 何謂數值控制？其英文為何？

2. 何謂放電加工？其英文為何？

3. 數值控制銑床的類型可分為哪兩種？

4. 試列舉兩項數值控制銑床之功能。

5. 試列舉兩項數值控制控機床的實例。

專業英文詞彙

C

(Computer Numerical Control, CNC)	電腦數值控制

D

(Dielectric Fluid)	介電流體
(Direct Numerical Control, DNC)	直接數值控制
(Download)	下載

E

(Electrical Discharge Machining, EDM)	放電加工
(Electrode)	電極
(Electron Beam Welding)	電子束銲接

I

(Instruction)	指令

L

(Laser Cutting)	雷射切割

M

(Magnetic Dot)	磁點
(Microprocessor)	微處理器

N

(Numerical Control)	數值控制

O

(Off-line)	離線

P

(Programmable Logic Controllers, PLC)	可程式邏輯控制器

S

| (Spindle) | 主軸 |

V

| (Vertical Milling Center, VMC) | 立式銑削中心 |

W

| (Wire EDM) | 線切割 |
| (Wire Erosion) | 線腐蝕 |

07

電腦輔助設計與製造
Computer Aided Design/Computer Aided Manufacturing

　　電腦輔助設計 (Computer Aided Design，CAD) 是使用電腦 (或是工作站) 來輔助設計的創作 (Creation)、修改、分析或優化，有時候也稱爲電腦輔助設計和繪圖 (Computer Aided Design and Drawing，CADD)。電腦輔助設計軟體可用來提高設計人員的生產力，改善設計品質，藉由檔案增進溝通果效，並產生用於製造的數據庫 (Database)。尤其是在專利的申請上，電腦輔助設計軟體所進行的設計，則有助於保護產品和發明。電腦輔助設計的輸出通常是採用電子檔案型式進行列印、加工或其他製造操作。在機械設計中，電腦輔助設計通常被稱作機械設計自動化 (Mechanical Design Automation, MDA) 或是電腦輔助繪圖 (Computer Aided Drafting)，其中包括使用電腦軟體產生技術圖面的過程。

圖 7-1　　CAD 繪製的閥門

　　電腦輔助設計系統除了提供相對於人工繪圖 (設計的幾何和尺寸特徵) 的優勢之外，也能自動生成物料清單 (如材料、規格和製造說明的資訊) 與 IC 的配置，儲存在 CAD 的數據庫當中，最後也爲設計工程師提供了執行工程計算與分析的功能。電腦輔助設計是工程產業的革命性變化，繪圖技術員、設計工程師和其他角色開始融合。電腦輔助設計是電腦開始對產業普遍影響的一個實例，當前的電腦輔助設計商業軟體範圍從 2D 的工程圖 (Drawing) 繪圖系統到 3D 的零件組合建模 (例如 AutoCAD、SOLIDWORKS、CATIA 和 FreeCAD 等) 都有。有些軟體還允許模型在三個維度上旋轉，可以從任何所需角度查看設計模型，甚至從內部向外看。電腦輔助設計技術除了應用於工具和機械的設計之外，也運用在所有建築物，從小型住宅類型 (房屋) 到最大的商業和工業結構 (醫院和工廠) 的繪圖和設計。

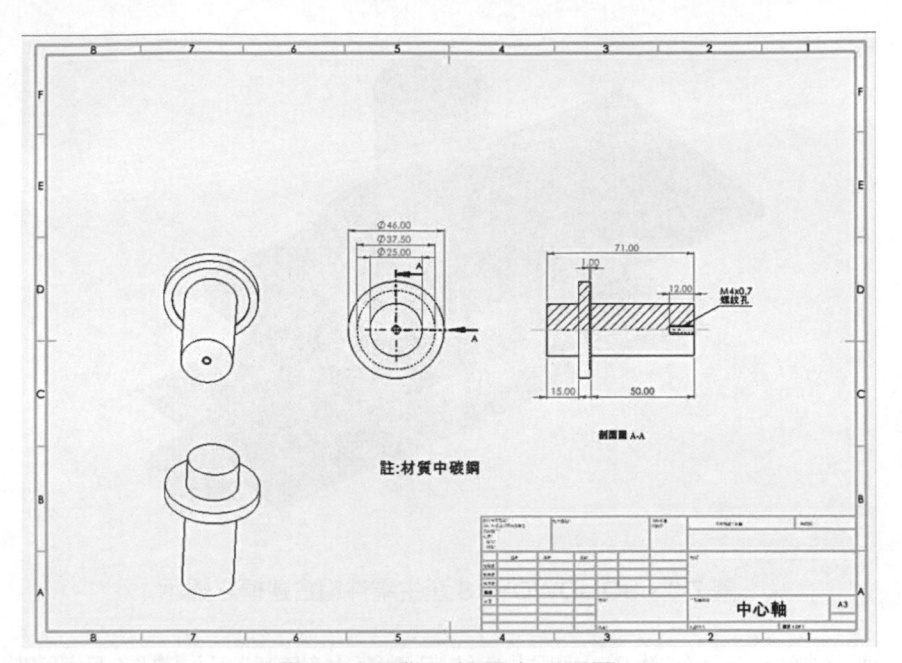

圖 7-2　零件三視圖之工程圖

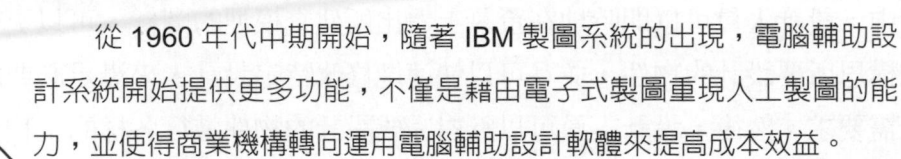

從 1960 年代中期開始，隨著 IBM 製圖系統的出現，電腦輔助設計系統開始提供更多功能，不僅是藉由電子式製圖重現人工製圖的能力，並使得商業機構轉向運用電腦輔助設計軟體來提高成本效益。

電腦輔助設計使得產生草圖的速度顯著地提升，零件圖繪製完成後，就不必再重新繪製，吾人可以從圖庫之中檢索，並且可以複製、檢索、調整大小等變更，不需重新繪製，在電腦上進行剪切和黏貼 (Cut and Paste)，可節省設計時所需的時間。電腦輔助設計亦可產生多種視角的 2D 工程圖，並且此工程圖可以按不同的縮小和放大級別進行複製，使得機械工程師能夠將非常小的零件進行放大，以確定組裝的零件是否正確地安裝，還可以在螢幕上將具有不同特性的零件分配不同的顏色。隨著 3D 建模的出現，設計師有了更大的自由度。他們可以創建 3D 零件，並進行無窮的變化操作以獲得所需的結果。

圖 7-3　SOLIDWORKS 產生零件組合建模之圖示

　　電腦輔助設計的功用主要涉及使用電腦來創建設計圖和產品模型，是一種功能強大的繪圖與設計的工具，所以通常與互動式 (Interactive) 電腦圖形相關聯，經常應用於產品和組件的機械設計和幾何建模。在電腦輔助設計中，設計人員可以即時地在螢幕上看出所建立模型的圖樣，可以更輕鬆地構思所要設計的物件，並且可以快速地修改特定設計，來滿足必要的設計需要求。然後，設計人員可以針對完成設計的物件進行各樣的工程分析，經過有限元素法 (Finite Element Method, FEM) 或是有限差分法 (Finite Difference Method, FDM) 進行分析，可以將應力應用於零件之數位模型上，以圖形方式顯示結果，快速地提供設計工程師有關問題的反饋。並可以確定潛在的問題 (例如過大的負載 (Load) 或變形 (Deformation))，這種分析的速度和準確性遠遠超過傳統的方式。

　　一般來說，電腦輔助設計會搭配著軟體以及其他的一些輸入設備，例如掃瞄機等。這些電腦輔助設計軟體是為了輔助各種工程設計所開發的軟體，其基本功能包括互動式繪圖、工程計算分析及一些屬性處理的能力。

知識大補帖 　**電腦輔助製造**

　　電腦輔助製造則是寫出驅動數值控制工具機的電腦數控程式碼，來驅動工具機，其中包含選擇工具的類型、加工過程以及加工路徑。另一種則是則搭配著電腦輔助設計的輸出為製造的輸入，將電腦輔助設計中生成三維模型的元件，來產生驅動數值控制工具機的電腦數控程式碼來進行。例如，當某一樣產品在電腦輔助設計中完成設計後，即可直接以數值化的程式控制語言直接控制製造的程序。

　　電腦輔助製造 (Computer-Aided Manufacturing, CAM) 也稱為電腦輔助建模 (Computer Aided Modeling) 或電腦輔助加工 (Computer Aided Machine)，是在零件製造過程當中，使用電腦軟體來控制機床和相關的機器，這不是電腦輔助製造的唯一定義，但是這是最常見的定義。

　　電腦輔助製造還可以指利用電腦數值控制技術 (Computer Numerical Control) 來協助製造工廠產品製造的所有操作，其中包括製程 (Process)、生產計劃 (Production Planning)、加工 (Machining)、調度 (Scheduling)、管理 (Management)、運輸 (Transportation)、質量控制 (Quality Control) 和儲存 (Storage)，其主要目的在創造一個更快速的生產過程，以及更精確的尺寸生產組件和工具。

　　隨著電子和電腦科技的發展，將電腦科技應用到機器上，來節省生產時間、改善加工品質和提高效率。因此，現代的加工廠經常會使用數控機床 (NC 機床)。配置有電腦的數控機床，則稱為電腦數控機床 (CNC 機床)。

　　電腦數控機床使用數位資料來控制刀具和工件的運動，其中主要的控制參數包括刀具的轉速、刀具移動的方向、切削的速率等，只要改變電腦中的資料或程式，就可以快速地變更生產的程序。

　　傳統上來說，電腦輔助製造被認為是一種數值控制 (Numerical Control, NC) 編寫程式的工具，在程式編寫的過程中，利用電腦輔助設計產生零件的二維 (2D) 或三維 (3D) 的模型。如同其他電腦輔助技術一般，電腦輔助製造並未消除對製造工程師、數值控制程式撰寫技術員或技師等專業人員的需求。電腦輔助製造工具通常需要將零件模型轉換為相關機器的語言，通常是使用 G 碼 (G-code)，此數值控制則可以應用於加工機具或者 3D 列印機上。到目前為止，CAM 仍然不能像人一樣進行推理，無法將刀具路徑優化到大量生產所需的情況。

圖 7-4　電腦輔助設計

　　通常電腦輔助製造軟體需要與電腦輔助設計結合，每個電腦輔助製造軟體都先要解決 CAD 數據交換的問題，因為 CAD 產生數據的系統就像文書處理軟體一樣，經常按照自己的專有格式儲存，所以程式員通常需要將 CAD 數據輸出成通用的格式，比如說，2D 平面數據就選擇 DXF 或 DWG；3D 曲面數據就選擇 IGES 或 STL。

知識大補帖 電腦輔助製造

　　通常電腦輔助製造軟體需要與電腦輔助設計結合，每個電腦輔助製造軟體都先要解決 CAD 數據交換的問題，因為 CAD 產生數據的系統就像文書處理軟體依樣，經常按照自己的專有格式儲存，所以程式員通常需要將 CAD 數據輸出成通用的格式，比如說，2D 平面數據就選擇 DXF 或 DWG；3D 曲面數據就選擇 IGES 或 STL。

　　一般而言，只要在繪製 CAD 時所使用的單位與電腦輔助製造軟體的單位相同，就不需要再進行編輯，可以直接運用，較為方便。電腦輔助製造是繼電腦輔助設計 (CAD) 和電腦輔助工程分析 (Computer Aided Engineering, CAE) 後續的電腦輔助過程，因為在電腦輔助設計過程中所生成的模型，並在電腦輔助工程中完成驗證，可以輸入到電腦輔助製造的軟體中，然後控制機器進行加工，如圖 7-5 所示。電腦輔助工程分析是指使用電腦軟體來進行工程分析的任務，其內容包含有限元素分析法 (FEA)、計算流體力學 (CFD)、多重物體動力學 (MBD)、耐久性和優化。電腦輔助工程、電腦輔助設計和電腦輔助製造統稱為「CAX」。

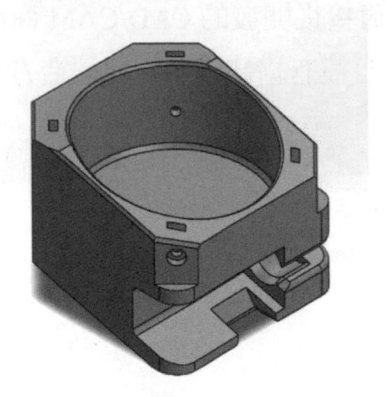

圖 7-5　電腦輔助設計和電腦輔助製造的零件

　　CAD/CAM 系統的組合可以將設計階段的資訊轉移到產品製造計劃階段內，而無需手動重新輸入零件幾何形狀上的資訊。在加工的操作當中，CAD/CAM 系統的一個重要功能就是描述各種加工程序 (例如數控車削 (Turning)、銑削 (Milling) 和鑽孔 (Drilling)) 刀具的路徑 (Path)。

　　這些指令 (Instruction) 或程式 (Programming) 是由電腦產生的，程式設計人員可以對其進行修改，以優化 (Optimize) 刀具的路徑。然後，工程師或技術人員可以在螢幕上檢視刀具的路徑，來防止刀具與夾具 (Fixture) 或其他的干擾 (Interference) 發生碰撞 (Collision)，可以隨時修改刀具的路徑，以適應要加工的其他零件形狀。由於 CAM 與 CAD 的連結很深，所以一些軟體公司針對 CAD 與 CAM 設計了兩種類型的應用程序，例如 SOLIDWORKS 為 CAD、CAM 和其他工程流程提供了一整套工具。同樣地，AutoDesk 提供 CAD 和 CAM 組合的工具。

　　SOLIDWORKS CAM、Fusion 360 和 NX 的 CAM 軟體公司則是結合了 CAD、CAE 和 CAM 的元素。CAD/CAM 系統的出現，藉由產品開發的標準化與設計、試用和原型工作的工作簡化，對製造產生了重大影響。它大大降低了成本，提高了生產率。例如，雙引擎的波音 777 客機是完全由電腦所設計的 (無紙設計)，該飛機直接從開發的 CAD/CAM 商用軟體 (加強版的 CATIA 系統) 構建而成，並且沒有構建從前設計製造方法所需要的原型或模型。

問題與討論 ?

1. 常用的電腦輔助工程分析方法有哪些？
2. 2D 平面 CAD 數據通常以何種格式輸出？
3. 試列舉一種目前的電腦輔助設計商業軟體可進行零件的 3D 組合建模。
4. 電腦輔助製造最常見的定義為何？

專業英文詞彙

C

(Collision)	碰撞
(Computer Aided Design and Drawing, CADD)	電腦輔助設計和繪圖
(Computer Aided Design, CAD)	電腦輔助設計
(Computer Aided Drafting)	電腦輔助繪圖
(Computer Aided Machine)	電腦輔助加工
(Computer Aided Modeling)	電腦輔助建模

D

(Deformation)	變形
(Drilling)	鑽孔

F

(Finite Difference Method, FDM)	有限差分法
(Finite Element Method, FEM)	有限元素法
(Fixture)	夾具

I

(Instruction)	指令
(Interference)	干擾

L

(Load)	負載

M

(Machining)	加工
(Management)	管理
(Mechanical Design Automation, MDA)	機械設計自動化
(Milling)	銑削

O

(Optimize)	優化

P

(Process)	製程
(Production Planning)	生產計劃
(Programming)	程式

Q

(Quality Control)	質量控制

S

(Scheduling)	調度
(Storage)	儲存

T

(Transportation)	運輸
(Turning)	車削

08

機構
Mechanism

　　依據國家教育研究院對 Mechanism 的翻譯可爲機構、機構學與機動學，在傳統機械工程的定義裡，它主要是探討機構運動的分析，當然這裡包含了幾個部分：機構的設計與合成、機構的運動與機構的動力學，之後會分別的說明。

　　首先，機構的定義爲由剛體 (Rigid Body) 或有承載能力的物體，連結而形成的組合體。機構之間的物體在運動時，應該具有相對運動 (Relative Motion)。在機械工程當中，機構 (Mechanism) 是一種將輸入力量和運動轉換爲所需的一組輸出力量和運動的裝置。機構通常由幾個移動的元件所組成，其中可能包括：齒輪 (Gear) 和齒輪系 (Rear Train)；皮帶 (Belt) 和鏈傳動 (Chain Drives)；凸輪 (Cam) 和從動件 (Followers)；連桿 (Linkage)等。機構是構成許多機械設備的基本單元，通常是機械系統或機器的一部分，有時，整台機器也可稱爲一個機構；例如汽車的轉向機構 (Steering Mechanism)。

　　機構設計的目的通常是使一個剛體相對於參考連桿產生所需要的相對運動，機構的運動設計則是設計一台完整的機器的第一步。機構的另一個目的是爲了轉換運動方式，如旋轉運動 (Rotational Motion) 轉換爲直線運動 (Linear Motion)(如圖 8-1 所示)、搖擺或週期性運動 (Periodical Motion)以及直線運動轉換爲搖擺運動 (Swing Motion) 等，當然也可以從旋轉運動轉換爲旋轉運動，但是輸入的旋轉速度 (Rotational Speed) 與輸出的旋轉速度不會一樣，這就是變速的原理。

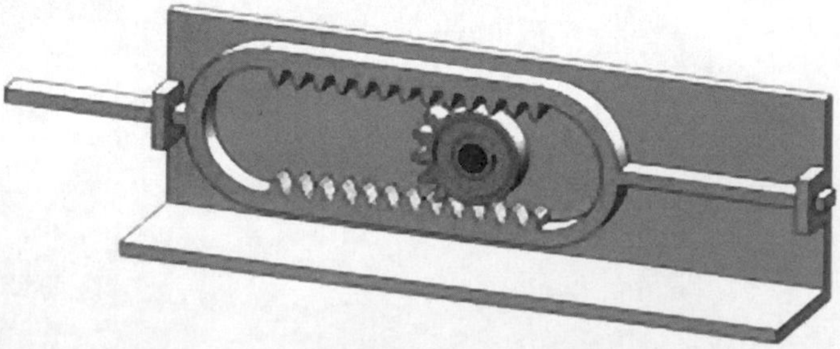

圖 8-1　旋轉運動轉換直線運動的機構

　　以前將簡單機器的構件，例如槓桿 (Lever)、滑輪 (Pulley)、螺桿 (Screw)、輪軸、楔形和斜面等，視爲機構。然而運動學之父羅勒 (Franz Reuleaux) 則著重於物體，稱這些構件爲連桿 (Link)，以及這些物體之間的連接，稱爲運動對 (Kinematic Pair) 或接頭 (Joint)。羅勒定義兩個連桿之間具有點或線的接觸爲高對 (Higher Pair)，例如齒輪之間的接觸；兩個連桿之間具有面與面的接觸爲低對 (Lower Pair)，例如萬向接頭 (Universal Joint)。爲了使用幾何 (Geometry) 來研究機構的運動，通常將機構的連桿視爲剛體，這意味著連桿之中的各點之間的距離不會隨著機構的移動而改變—也就是說，連桿不會彎曲。一般認爲運動對或接頭提供兩個連桿之間理想的拘束，例如純旋轉的單點拘束，或單純滑動、無滑動單純滾動和有滑動點接觸的直線拘束，機構通常以剛性連桿和運動對組件的方式建立模型。

圖 8-2　萬向接頭

　　機動學為研究機構中各元件之運動與力量的傳遞所因循的法則之科學，主要包含兩個項目：運動學(Kinematics) 與動力學(Kinetics;Dynamics)。運動學是物理學的一個子領域，主要在討論元件的相對運動，通常稱為「運動幾何學」(Geometry of Motion)，其問題首先描述系統的幾何形狀並強調元件的移動 (Displacement)、速度 (Velocity) 與加速度 (Acceleration)，但是不考慮元件所受的力量與本身的質量；在物理學和工程學中，動力學是古典力學的一個分支，是探討元件運動時受到力作用 (力量和扭矩) 產生的結果，通常在確定運轉中的元件是否達到平衡或是強度是否安全。在考慮力的作用時，應該考慮連桿的負載 (Load)、連桿運動的動力學或是加速度運動、潤滑 (Lubrication) 等一系列的問題。如果所考慮的問題範圍越大，機構設計就變成機器設計了。

　　在機構學中，最常使用的連桿組為四連桿機構 (Four-Bar Linkage)。作為裝置機座的固定元件稱為固定桿 (Fixed Link)；旋轉運動的元件為主動桿 (Driving Link)；搖擺運動的元件稱為被動桿 (Driven Link) 以及連接主動桿與被動桿之間的元件稱為連接桿 (Connecting Rod) 或稱為浮桿 (Floating rod)，如圖 8-3 所示。主動桿亦可稱為曲柄 (Crank)，被動桿則可稱為搖桿 (Rocker)。

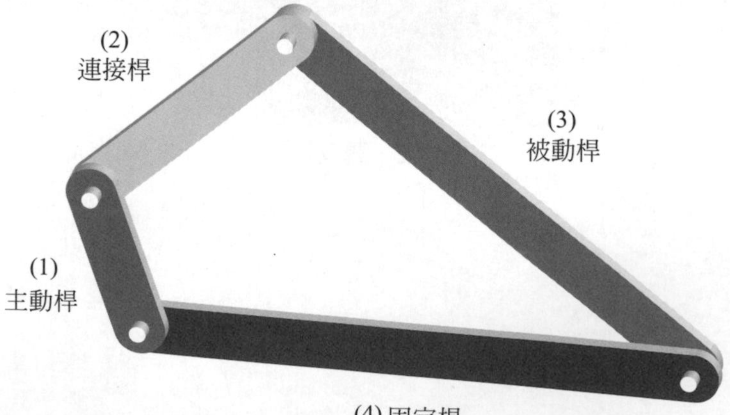

圖 8-3　一般的四連桿：(1) 主動桿　(2) 連接桿　(3) 被動桿　(4) 固定桿

　　另一種常用的四連桿機構爲曲柄滑塊機構 (Slider-Crank Mechanism)，此機構普遍地應用在各機械設備上，如圖 8-4 所示，曲柄 (b) 的旋轉運動帶動滑塊 (d) 的線性運動輸出；然而我們也可以將滑塊 (d) 作爲動力的輸入，造成曲柄 (b) 的旋轉運動，例如引擎的汽缸活塞裝置，當燃燒氣體膨脹推動活塞 (d) 時，驅動曲柄軸 (b) 旋轉。由此可知，在相同的機構情況下，設定將不同的桿件設爲輸入元件時，會得出不同的機構，而此二種機構元件之間的相對運動不會改變，則稱此二機構互爲倒置 (Inversion)。但是要注意的是當滑塊 (d) 作爲動力的輸入時，可能造成曲柄 (b) 與浮桿 (c) 形成一直線，使得滑塊無法推動曲柄旋轉時，稱爲死點 (Dead Point)。

　　一般而言，連桿機構的死點，每一運動週期必定有二個，所以在引擎的活塞最高的位置稱爲上死點，最低的位置稱爲下死點。

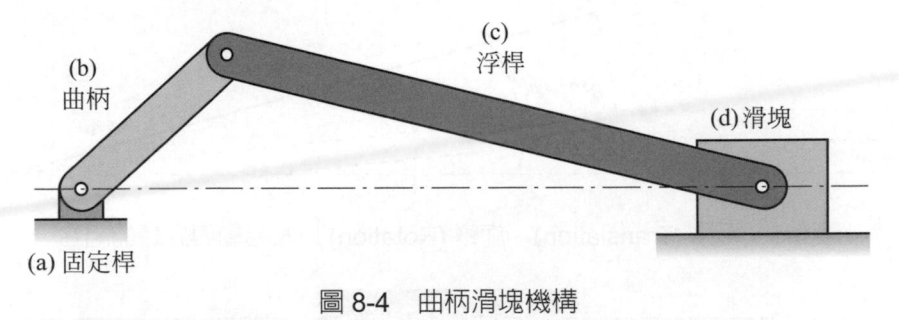

圖 8-4　曲柄滑塊機構

　　雖然所有機構都是三維的，但是各個元件的運動是受到限制的，如果機構所有點的軌跡都平行於或串聯於平面，則稱此機構具有平面運動的特性，就可以使用平面幾何進行分析，在這種情況下，該系統稱爲平面機構 (Planar Mechanism)。

　　機構中所有元件的平面運動會包含三種運動：平移 (Translation)、旋轉 (Rotation) 以及移動與旋轉的組合，如圖 8-5 所示。

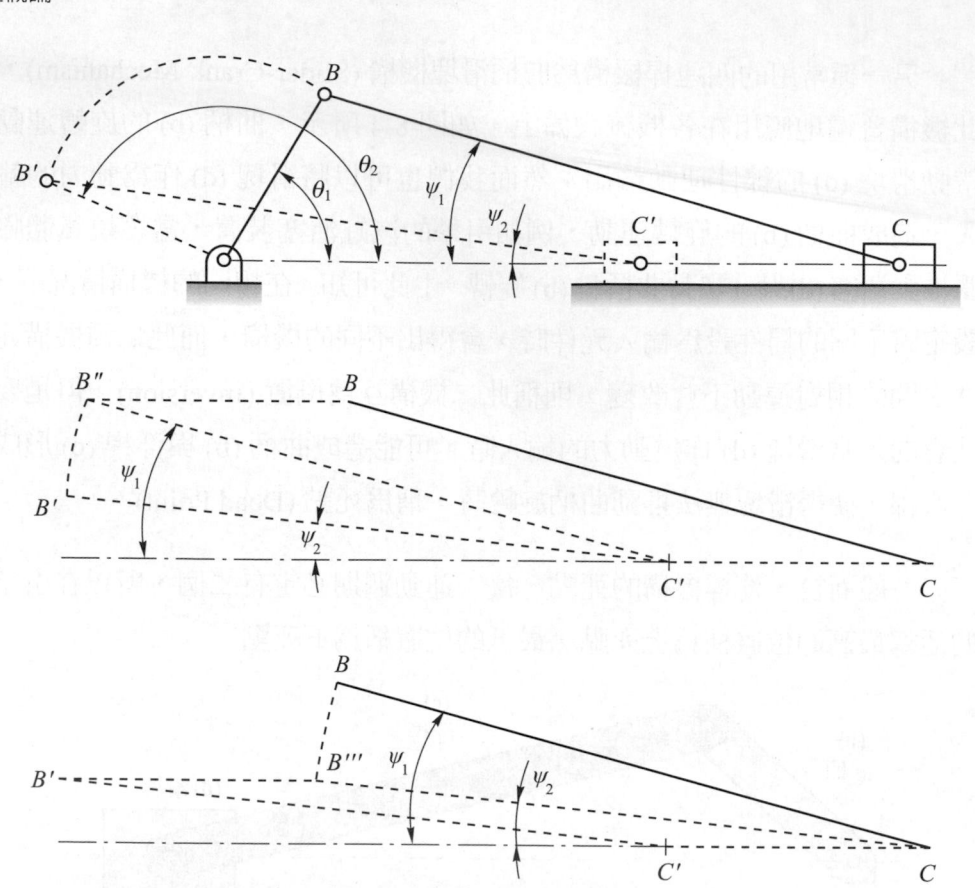

圖 8-5 平移 (Translation)、旋轉 (Rotation) 以及移動與旋轉的組合

問題與討論 ？！

1. 死點的定義為何？

2. 剛體的英文為何？其定義是？

3. 高對的定義為何？試舉一例說明。

4. 何謂機動學？主要包含哪些項目？

5. 試寫出四連桿機構各桿件的名稱。

6. 何謂倒置？

專業英文詞彙

A

(Acceleration)	加速度

B

(Belt)	皮帶

C

(Cam)	凸輪
(Chain Drives)	鏈傳動
(Connecting Rod)	連接桿
(Crank)	曲柄

D

(Displacement)	移動
(Driven Link)	被動桿
(Driving Link)	主動桿

F

(Fixed Link)	固定桿
(Floating Rod)	浮桿
(Followers)	從動件

G

(Gear)	齒輪
(Geometry)	幾何

H

(Higher Pair)	高對

I

| (Inversion) | 倒置 |

J

| (Joint) | 接頭 |

K

(Kinematic Pair)	運動對
(Kinematics)	運動學
(Kinetics;Dynamics)	動力學

L

(Lever)	槓桿
(Linear Motion)	直線運動
(Link)	連桿
(Link;Linkage)	連桿
(Lower Pair)	低對
(Lubrication)	潤滑

M

| (Mechanism) | 機構 |

P

| (Periodical Motion) | 週期性運動 |
| (Pulley) | 滑輪 |

R

(Rigid Body)	剛體
(Rocker)	搖桿
(Rotational Speed)	旋轉速度
(Rrotational Motion)	旋轉運動

S

(Screw)	螺桿
(Slider-Crank Mechanism)	曲柄滑塊機構
(Steering Mechanism)	轉向機構
(Swing Motion)	搖擺運動

T

(Translation)	平移

U

(Universal Joint)	萬向接頭

V

(Velocity)	速度

NOTE

09

機器傳動
Machine Transmission

　　機器是一種物理系統，使用動力來源產生輸出並且控制輸出的運動來執行動作，一般適用於人工設備，例如使用引擎或馬達的設備。機器的動力來源可以由動物和人驅動，也可以由風和水等自然力驅動，也可以由化學、熱能或電力驅動。機械系統 (Mechanical System) 需要獲得動力完成涉及力量和動作的任務，現代機器是由以下裝置所組成：

1. 動力來源和產生力量和動作的制動器 (Actuator)。
2. 變化制動器的輸入方式，以實現輸出力量和動作的特定應用的機構裝置。
3. 具有感測器 (Sensor) 的控制器 (Controller)，控制器可將輸出與目標進行比較，來監控機器性能和規劃輸出運動方式。
4. 與槓桿、開關和顯示器組成操作器的界面。

　　機械系統的機構由稱為機器元件組裝而成，這些元件為系統提供結構，並控制機械系統的動作。結構元件通常是框架構件 (Frame Member)、軸承 (Bearing)、彈簧 (Spring)、密封件 (Seal) 和緊固件 (Fastener)。控制動作的元件也是「機構」，機構通常分為齒輪 (Gear) 和齒輪系 (Gear Train) (其中包括皮帶傳動 (Belt Drive) 和鏈傳動 (Chain Drive))、凸輪 (Cam) 和從動件 (Follower) 機構以及連桿 (Linkages) 機構，還有其他特殊機構例如平面機構 (Planar Mechanism)、球面機構 (Spherical Mechanism) 和空間機構 (Spatial Mechanism)。

⚙ 平面機構 (Planar Mechanism)

　　平面機構是一個受約束的機械機構，所有物體中各點的軌跡都位於與地面平行的平面，而連接機構中所有物體的鉸接接頭的旋轉軸垂直於該接地平面，如圖 9-1 所示。

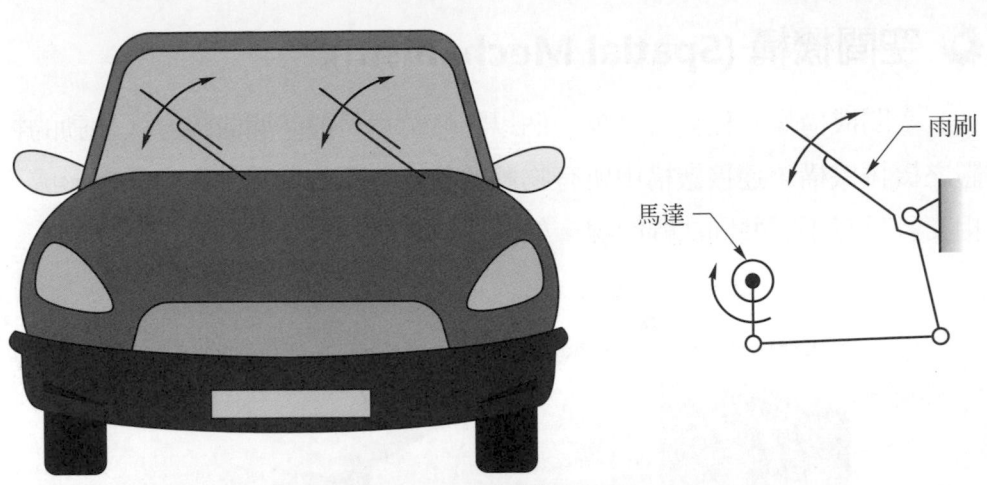

圖 9-1 平面機構示意圖

⚙ 球面機構 (Spherical Mechanism)

　　球面機構則是一種物體以系統中點的軌跡位於同心球體上的方式移動的機械機構，而連接機構中所有物體的鉸接接頭的旋轉軸通過這些圓的中心，如圖 9-2 所示。

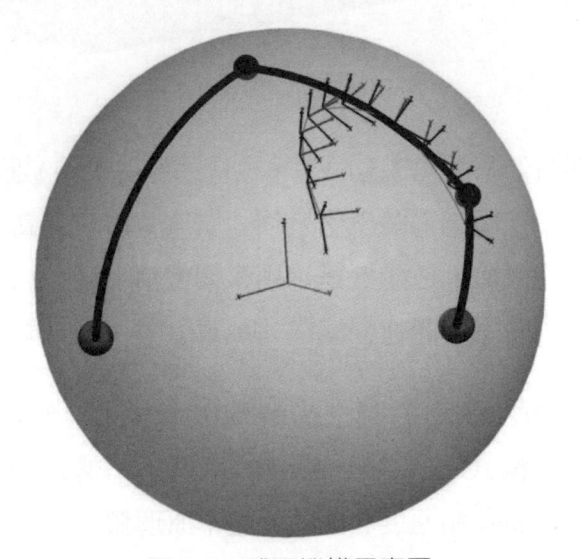

圖 9-2 球面機構示意圖

⚙ 空間機構 (Spatial Mechanism)

空間機構是一種具有至少一個以點軌跡為一般空間曲線方式移動的物體之機械機構，連接機構中所有物體的鉸接接頭的旋轉軸在空間中形成不相交且具有不同共同法線的線，如圖 9-3 所示。

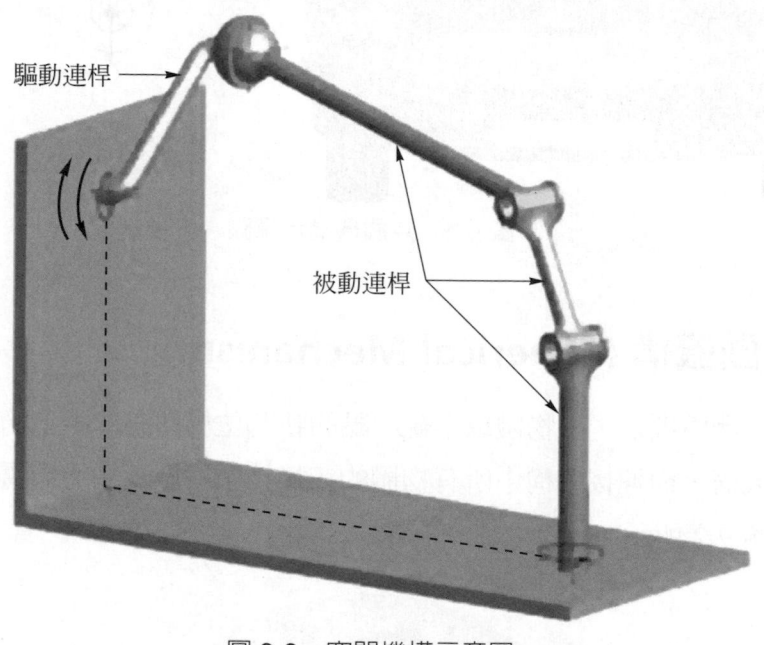

驅動連桿

被動連桿

圖 9-3　空間機構示意圖

撓曲機構則由一系列是柔順元件 (也稱為彎曲接頭) 連接的剛體組成，這些剛體設計用於在施加力時產生幾何上明確定義的運動。平面和空間連桿機構是最常用的機構，這類機構是用來使機構上某一點或者剛體實現機構所需的動作，例如平行四連桿機構、汽車引擎、汽車雨刷等。

齒輪是具有切割齒形的圓形旋轉機械零件，它們與另一個嵌齒輪 (Cogwheel) 或大齒輪 (Gearwheel) 嚙合的情況下，傳遞 (Transmit) 或轉換 (Convert) 扭力 (Torque) 和速度。齒輪的基本原理類似於槓桿的基本原理，藉由齒輪比來產生扭力變化，進而產生機械效益 (Mechanical Advantage)，可以改變動力 (Power) 來源的速度 (Velocity)，扭力和方向 (Direction)。

　　兩個嚙合齒輪上的齒都具有相同的齒形，同時兩個嚙合齒輪的轉速和扭力與齒輪的直徑成反比。依序運作的兩個或多個嚙合的齒輪則稱為齒輪系 (Gear Train) 或是傳動裝置 (Transmission)。傳動裝置中的齒輪類似於皮帶輪系統 (Belt Pulley System) 中的輪子，齒輪的一個優點是齒輪的齒可以防止打滑。在具有多個齒輪比的變速器 (例如自行車、摩托車和汽車) 中，所謂的「一檔」指的是齒輪比 (Gear Ratio)。

　　依據齒輪軸排列方式可分為平行齒輪、相交齒輪與非相交及非平行齒輪。依據齒輪嚙合方式可分為外接齒輪、內接齒輪與齒條 (Rack)。齒輪與齒條 (線性齒輪) 嚙合，將產生平移的運動而非旋轉運動，如圖 9-4 所示。

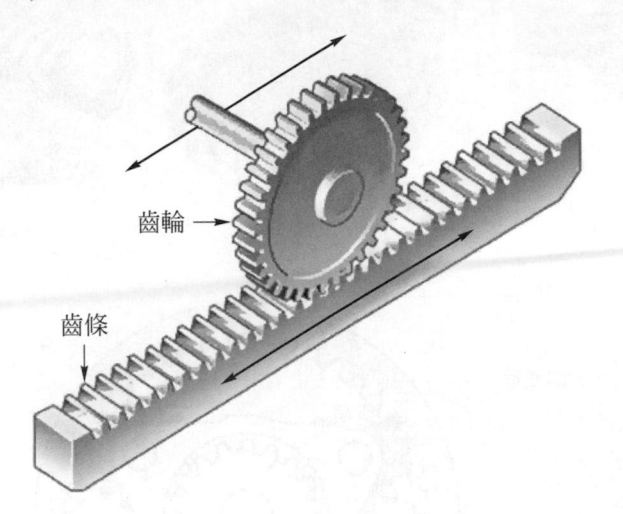

齒輪

齒條

圖 9-4　齒輪和齒條的嚙合

　　依據齒輪齒形可分正齒輪 (Spur Gear)、斜齒輪 (Helical Gear)、齒輪雙斜齒輪 (Double Helical Gear)、錐齒輪 (Bevel Gear)、螺旋錐齒輪 (Spiral Bevel Gear)、蝸輪 (Worm Gear) 與行星齒輪 (Epicyclic Gear) 等，圖 9-5 顯示了其中幾種齒輪的類型。

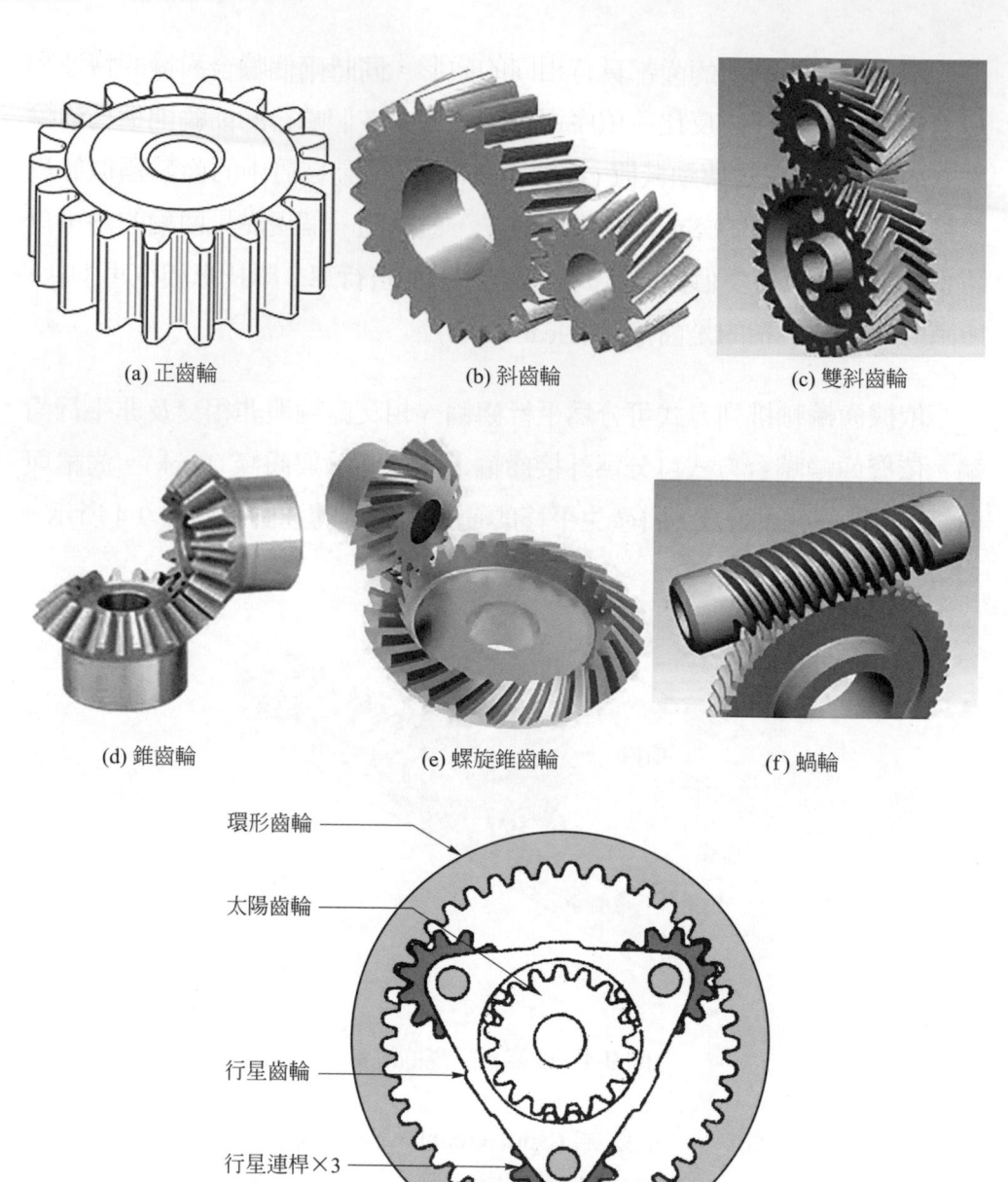

(a) 正齒輪　　　　　　　(b) 斜齒輪　　　　　　　(c) 雙斜齒輪

(d) 錐齒輪　　　　　　(e) 螺旋錐齒輪　　　　　　(f) 蝸輪

環形齒輪

太陽齒輪

行星齒輪

行星連桿×3

(g) 行星齒輪

圖 9-5 齒輪的種類

　　齒輪的齒形有多種形式，其中以漸開線 (Involution) 齒形最爲常見，其次爲擺線 (Cycloid) 齒形。在漸開線齒輪中，齒的輪廓是由一根假想、拉緊的弦末端從稱爲基圓 (Base Circle) 的圓上展開所描繪的螺旋曲線；而擺線在幾何學中是圓沿著直線滾動而無滑動時，圓上一點所描繪的曲線。擺線齒輪的齒型基於外擺線和內擺線曲線，它們是由一個圓分別圍繞另一個圓的外側和內側滾動產生的曲線。設計齒輪時有幾個比較重要的參數爲：

1. 齒數 (Number of Teeth)。
2. 節距 (Pitch)。
3. 模數 (Module；Modulus)。

　　節距是一個齒上的一點與相鄰齒上對應點之間的距離，是在橫向、法向或軸向方向上沿直線或曲線測量的尺寸。模數則是齒輪尺寸計算的一個基本參數，以 m 表示，爲二齒相距的弧長尺寸。當模數相同時，齒輪才能互相嚙合。

　　凸輪機構的凸輪是機械聯動裝置中具有曲線輪廓或凹槽的元件，尤其是用在將旋轉運動轉換爲直線運動的裝置，通常是旋轉輪 (例如偏心輪) 或軸 (例如具有不規則形狀的圓柱體) 的一部分，在其輪廓上推動一個或多個作動件。

　　凸輪可以看作是一種將旋轉運動轉換爲往復運動 (有時是擺動) 的裝置。一個常見的例子是汽車的凸輪軸，它將引擎的旋轉運動轉換爲操作氣門的往復運動。凸輪機構輸入的運動通常是等速的旋轉運動轉動凸輪，其輸出則可爲軸的轉動、滑塊的移動或是其他從動件的運動，一般包括等速旋轉的凸輪、週期性運動的從動件 (Follower) 和機架所組成，凸輪旋轉方向與從動件運動方向可爲垂直或平行。凸輪的輪廓則是依據從動件輸出運動，採用解析法或是圖解法來決定。

　　凸輪可以是簡單的齒，也可以是偏心盤或其他形狀，一般可分為四類：

1. 盤形凸輪：凸輪為繞固定軸線轉動且有變化直徑的盤形元件，如圖 9-6 所示。

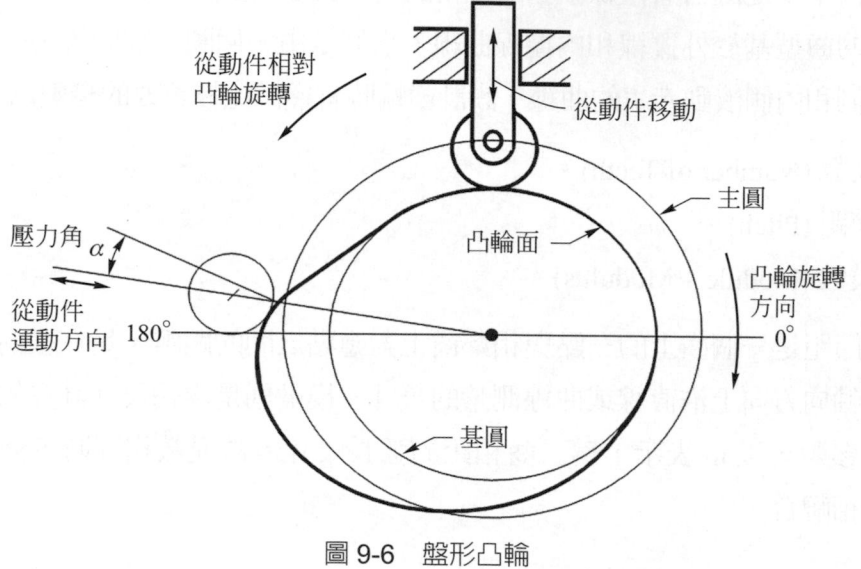

從動件相對
凸輪旋轉

從動件移動

主圓

壓力角 α

凸輪面

凸輪旋轉
方向

從動件
運動方向　180°　　　　　　　　　　　　　　　　0°

基圓

圖 9-6　盤形凸輪

2. 移動凸輪：凸輪相對機架作直線移動，如圖 9-7 所示。

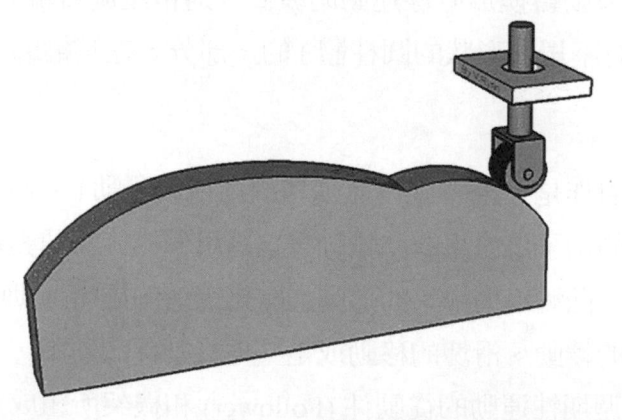

圖 9-7　移動凸輪

3. 圓柱凸輪：凸輪為具有溝槽的圓柱體，亦可視為將移動凸輪捲成一個圓柱體，如圖 9-8 所示，可應用於往復鋸床的驅動器，以及摩托車循環檔變速器的換檔控制筒。

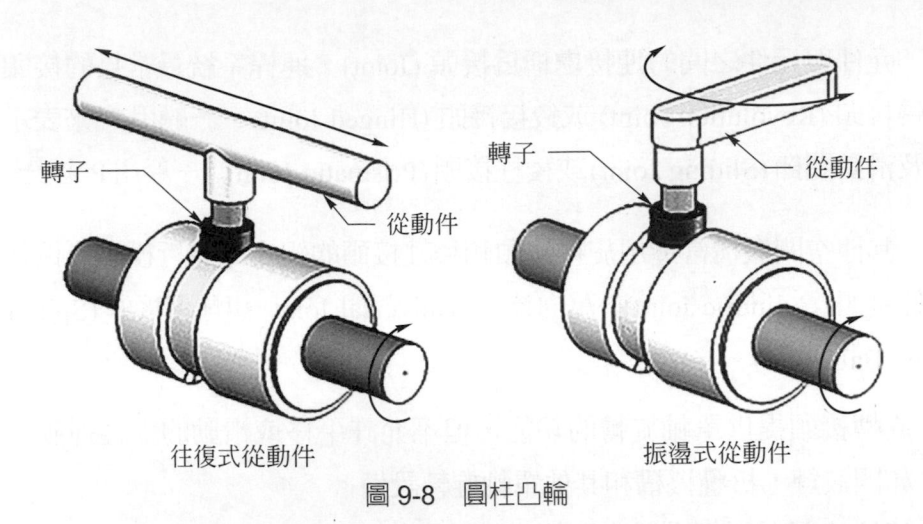

往復式從動件　　　　　　振盪式從動件

圖 9-8　圓柱凸輪

4. 面型凸輪：通過使用架在盤面上的從動件來產生運動，如圖 9-9 所示，是將從動件安裝在一個溝槽中，這樣從動件就可以產生具有正定位的徑向運動，而無需彈簧或其他機構來保持從動件與控制表面的接觸，這種類型的面型凸輪通常在每個面上只有一個用於從動件的溝槽。

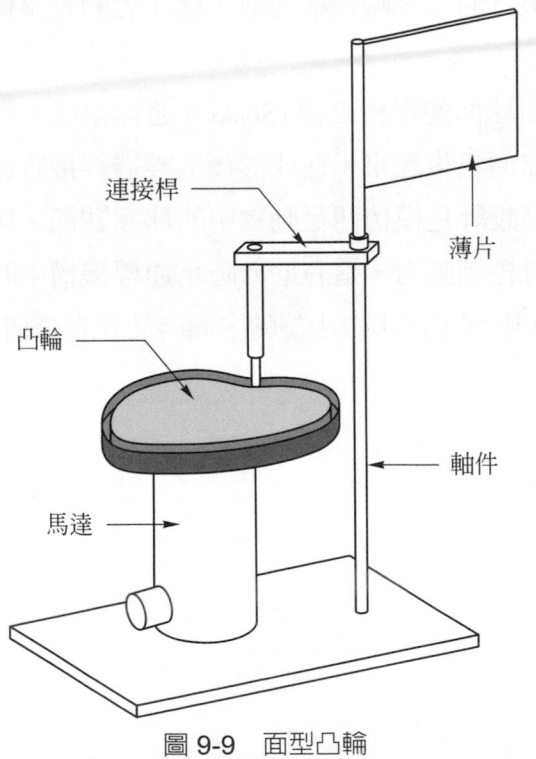

圖 9-9　面型凸輪

　　元件與元件之間的連接處稱為接頭 (Joint)，連桿系統最常見的接頭有旋轉接頭 (Revolution Joint) 或鉸接接頭 (Hinged Joint)，一般用 R 來表示；以及滑動關節 (Sliding Joint) 或稜柱接頭 (Prismatic Joint)，一般用 P 來表示。

　　其他空間機構常運用旋轉接頭和稜柱接頭的組合來進行模擬。例如，圓柱接頭 (Cylindric Joint)、萬向接頭 (Universal Joint) 與球型接頭 (Spherical Joint, Ball Joint)。

1. 旋轉接頭提供單軸旋轉的功能，但不允許平移或滑動的線性運動，例如門鉸鏈，折疊機構和其他單軸旋轉設備。

2. 稜柱接頭在兩個主體之間提供線性滑動運動，通常稱為滑塊。稜柱接頭也可以形成具有多邊形橫截面的稜柱接頭以抵抗旋轉。

3. 萬向接頭 (或稱萬向聯軸器 (Coupling)、U 形接頭或虎克接頭) 是連接彼此傾斜剛性連桿的接頭或聯軸器，通常應用於傳遞旋轉運動的軸上，由一對靠得很近的十字軸連接而成，應注意的是萬向接頭並非等速接頭。

4. 球形接頭是由球面連桿與套筒 (Socket) 連桿組成，它是使用鋼珠通過模壓鑄造將球面包裹起來，在成形後，經過銲接將連桿和球與套筒連接在一起，其設計是模仿四足動物中的球窩關節。球形接頭內部往往裝置彈簧保持控制壓力，這有助於防止連桿機構中的振動問題，應用於允許同時在兩個平面中自由旋轉，同時防止在任何方向的平移。

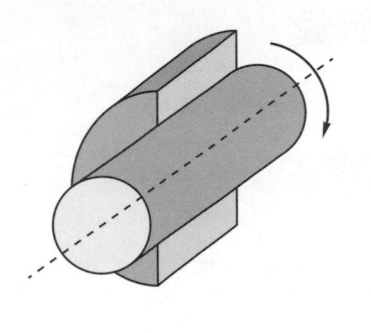

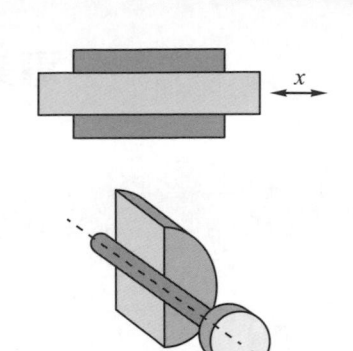

(a) 旋轉接頭   (b) 稜柱接頭

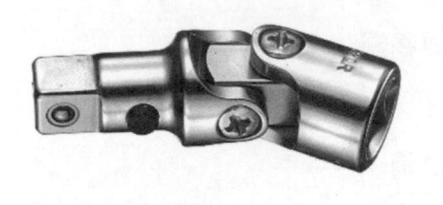

(c) 萬向接頭   (d) 球型接頭

圖 9-10   各式接頭

問題與討論 ?!

1. 現代機器是由哪些裝置所組成？

2. 何謂平面機構？

3. 試問齒輪的基本原理為何？有哪些種類（三種即可）？

4. 何謂擺線？

5. 何謂模數？

6. 什麼是接頭？有哪些種類（二種即可）？

專業英文詞彙

A

(Actuator)	制動器

B

(Base Circle)	基圓
(Bearing)	軸承
(Belt Drive)	皮帶傳動
(Belt Pulley System)	皮帶輪系統
(Bevel Gear)	錐齒輪

C

(Cam)	凸輪
(Chain Drive)	鏈傳動
(Controller)	控制器
(Convert)	轉換
(Cycloid)	擺線
(Cylindric Joint)	圓柱接頭

D

(Direction)	方向
(Double Helical Gear)	齒輪雙斜齒輪

E

(Epicyclic Gear)	行星齒輪

F

(Fastener)	緊固件
(Follower)	從動件
(Frame Member)	框架構件

G

(Gear Ratio)	齒輪比
(Gear Train)	齒輪系
(Gear)	齒輪

H

(Helical Gear)	斜齒輪
(Hinged Joint)	鉸接接頭

I

(Involution)	漸開線

J

(Joint)	接頭

L

(Linkages)	連桿

M

(Mechanical Advantage)	機械效益
(Mechanical System)	機械系統
(Module；Modulus)	模數

P

(Pitch)	節距
(Planar Mechanism)	平面機構
(Power)	動力
(Prismatic Joint)	稜柱接頭
(Rack)	齒條
(Revolution Joint)	旋轉接頭

S

(Seal)	密封件
(Sliding Joint)	滑動關節
(Spatial Mechanism)	空間機構
(Spherical Joint, Ball Joint)	球型接頭
(Spherical Mechanism)	球面機構
(Spiral Bevel Gear)	螺旋錐齒輪
(Spring)	彈簧
(Spur Gear)	正齒輪

T

(Torque)	扭力
(Transmission)	傳動裝置
(Transmit)	傳遞

U

(Universal Joint)	萬向接頭

V

(Velocity)	速度

W

(Worm Gear)	蝸輪

10

感測器
Sensors

感測器 (Sensor) 是一種為了感測物理現象的性質，而產生輸出信號的元件，在更為廣泛的定義中，感測器則是一種設備、模組、機器或子系統，可檢測環境中的事件或變化，並將訊息發送到其他的電子元件中，通常是電腦處理器。

圖 10-1　電腦處理器

日常生活可能遇到的感測器有觸摸式感應電梯按鈕 (觸覺式感測器) 和電子感應開門關門的感測器，以及大多數人從未意識到的許多應用。隨著微型加工的進步以及易於使用的微控制器平台，使得感測器的用途已經擴展到溫度、壓力和流量測量的領域。目前機械製造業、航空太空產業、汽車、醫藥和日常生活的許多產業都廣泛地使用像是電位計 (Potentiometer) 和力感應電阻計 (Force-Sensing Resistors) 之類的類比式 (Analog) 感測器，還有很多其他種類的感測器可以用來測量材料的化學和物理特性，包括測量折射率 (Refractive Index) 的光學感測器、流體黏度的振動 (Vibrational) 感測器以及監測流體酸鹼值的電化學 (Electrochemical) 感測器。

圖 10-2　電化學感測器

在控制技術中，感測器是非常普遍而且重要的零件，可分為接觸式 (Contact) 和非接觸式 (Noncontact)。接觸式感測器可再進一步地細分為觸覺式 (Tactile) 感測器和力轉矩 (Force-Torque) 感測器。觸覺式或觸摸式 (Touch) 感測器表示攜帶感測器的末端作用器與另一個物體之間具有物理接觸。一種最簡單的觸覺感測器就是一個微動開關 (Microswitch)，如圖 10-3 所示。當機器人的末端作用器與物體接觸時，觸覺感測器則會停止機器人的運動，這可應用在避免碰撞的情況或是向機器人系統發出已達到目標的訊號 (Signal)，或在檢驗時測量 (Measure) 物體的尺寸 (Dimension)。

觸覺感測器通常以皮膚觸覺的生物感覺為模型，能夠檢測由機械刺激、溫度和疼痛引起的刺激 (儘管疼痛感應在人工觸覺感測器中並不常見)。觸覺感測器用於機器人技術、電腦硬體和安全系統。觸覺感測器的一個常見應用是手機和電腦設備上的觸碰式螢幕。

圖 10-3　微動開關

　　力轉矩感測器是一種電子設備，主要是在監控、檢測、記錄和調節施加在其上的線性力和轉矩。也就是說，機械系統中的力轉矩感測器可以類比作皮膚的微感受器。力轉矩感測器一般位於夾爪和手腕的最後一個關節 (Joint) 之間，或者位於機械手臂的承重構件上，可以在其中測量反作用力和力矩，一般是採用壓電感測器 (Piezoelectric Transducer) 或者是應變規 (Strain Gauge)，將其黏貼在適當的部位上。

　　非接觸式感測器就是指毋須碰觸物體即可進行感測的感測器，其中包括近接 (Proximity) 感測器，視覺 (Visual) 感測器，聲學 (Acoustic) 感測器和超音波 (Supersonic) 感測器。

圖 10-4　超音波感測器

⚙ 近接 (Proximity) 感測器

　　近接感測器是一種無需物理接觸，即可檢測並指示在感測器附近的固定空間內，物體是否存在的感測器。近接感測器通常會發射電磁場或電磁輻射束 (例如紅外線)，並尋找電磁場或返回信號的變化。不同類型的感測目標則需要不同的感測器。例如，電容式 (Capacitive) 近接感測器或光電感測器可能適用於塑膠物體；電感式 (Inductive) 近接感測器則用來感測金屬物體。使用在最簡單的機器人的近接感測器是由一個發光二極體發射器 (Light Emitting Diode Transmitter) 和光二極體接收器 (Photodiode Receiver) 所組成，當反射表面靠近時，該光二極體接收器可感測到光。該感測器的主要缺點在於接收信號時，受到偵測物體反射率 (Reflectance) 的影響。由於沒有機械零件而且感測器與被感測物體之間沒有接觸，所以近接感測器的可靠性高且壽命長。

視覺 (Visual) 感測器

視覺感測系統就更爲複雜，通常基於遠端攝影機 (Television Camera) 或雷射掃描儀 (Laser Beam Scanner)。攝影機的訊號在硬體中進行了預先處理，並可以每秒 30 或 60 幀 (Frame) 的速度饋送到電腦中。電腦分析數據並萃取所需要的資訊 (Information)，例如要操控的物件的存在 (Presence)，身份 (Identity)，位置 (Position) 和方向 (Orientation)，或者被檢查產品的零件的整體性 (Integration) 和完整性 (Completeness)。

圖 10-5　雷射掃描儀

聲學 (Acoustic) 感測器。

聲學感測器感測並解譯聲波，聲學感測器的複雜程度從對聲波存在的原始檢測 (Detection) 到人類連續語音中孤立詞的識別 (Recognition) 都有所不同。除了人機語音溝通 (Voice Communication) 外，機器人還可以利用聲音感應來協助控制電弧銲接 (Arc Welding)，在感測到巨大的碰撞時停止其運動，並預測即將發生的機械損壞以及檢查物體內部的缺陷。

最後，有一類的非接觸式系統，它使用投影機 (Projector) 與成像設備來獲取表面形狀訊息或範圍訊息。

圖 10-6 投影機

　　使用感測器的基本方法有兩種：靜態 (Static) 感測和閉路 (Closed-Loop)感測。通常，在機器人系統中所使用的感測器為感應 (Sensing) 與控制(Control) 交替的模式進行。也就是說，當完成感測時，控制器是靜止的(Stationary)，然後控制器完成運動時，無需進一步參考感測器的訊息，這樣的方式稱為靜態感測 (Static Sensing)。

　　在閉路感測中，機器人在控制器運動期間是由感測設備所控制。大多數的視覺系統是以閉路的模式運轉，其中視覺系統監視 (Monitor) 機器人的實際位置和所需位置之間的誤差 (Error)。這個誤差可來作動 (Actuate)機器人上面的驅動器。

💡 知識大補帖　　使用感測器

　　通過靜態感測 (Static Sensing)，可利用視覺的方式進行物體的位置和方向的感測，然後機器人盲目地移動到物體的位置。

　　通過閉路感測，即使物體在移動時，例如傳送帶 (Conveyor) 上移動，機器人仍然可以抓住物體，並將其轉移到所需的位置。

　　然而，在八零年代初期，有許多的因素阻止了閉路感測技術的進步，其中一個主要的困難是分析 (Analyze) 和成像 (Image) 所需要的時間幾乎與機器人從一個位置移動到另一個位置所需的時間一樣長。為了讓閉路感測能夠使用，視覺分析的時間應該要夠短，以允許在手臂移動期間擷取並解譯多張相片。在控制移動的期間，當操作力量感測器和觸覺式感測器時，反應時間並不像視覺感測器那樣重要，因為現有的感測器會傳遞 (Deliver) 很多稀疏的訊息。隨著感測器變得越來越複雜，我們可以預期將需要更多的訊息處理，並利用這些感測的數據。

　　使用感測器一項重要的考量因素為其靈敏度 (Sensitivity)，所謂的靈敏度就是當感測器測量的輸入量發生變化時，其輸出變化的程度。例如，如果溫度計中的水銀在溫度變化 1°C 時移動 1cm，則其靈敏度為 1cm/°C(假設為線性特性，基本上這就是斜率 $\dfrac{dy}{dx}$)。另外感測器也會影響到它們的測量值；例如，把溫度計插入杯裏的熱水時，室溫的溫度計會冷卻熱水，而熱水會對溫度計加熱。

圖 10-7　溫度計

　　由於感測器無法複製理想的轉移函數 (Transfer Function)，因此可能會出現幾種類型的偏差，從而限制感測器的準確性：

1. 由於輸出信號的最小或最大範圍造成的偏差。

2. 實際上，靈敏度可能與設定的值不同，稱為靈敏度誤差，即線性轉移函數的斜率誤差。

3. 如果輸出值與正確值都相差一個常數，則傳感器存在偏移誤差 (Offset Error) 或偏差 (Bias)，即線性轉移函數的 y 截距上的誤差。

4. 感測器轉移函數的非線性特性 (Nonlinearity) 是與直線轉移函數的偏差。

5. 測量特性隨時間的變化速率太快所引起的偏差稱為動態誤差 (Dynamic Error)。

6. 雜訊 (Noise) 則是隨時間變化信號的隨機偏差 (Random Deviation)。

 知識大補帖　**感測器**

　　感測器通常必須設計成對所測量的物理量的影響很小，所以小型的感測器可以降低對測量的物理量的影響，同時可能帶來其他的優勢。

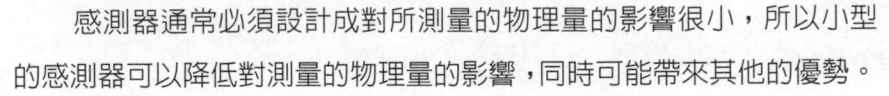 問題與討論 ?!

1. 感測器可以分為哪兩大類？

2. 何謂非接觸式感測器？試舉一例說明之。

3. 試問使用感測器的基本方法有哪些？

4. 什麼是感測器的閉路感測？

5. 什麼是感測器的靈敏度？

6. 試問感測器可能會出現的偏差有哪些？（寫出兩種即可）

專業英文詞彙

A

(Acoustic)	聲學的
(Actuate)	作動
(Analog)	類比的
(Analyze)	分析
(Arc Welding)	電弧銲接

B

(Bias)	偏差

C

(Capacitive)	電容
(Closed-Loop)	閉路
(Contact)	接觸式
(Control)	控制
(Conveyor)	傳送帶

D

(Deliver)	傳遞
(Detection)	檢測
(Dimension)	尺寸
(Dynamic Error)	動態誤差

E

(Eddy-Current)	渦電流
(Electrochemical)	電化學的
(Error)	誤差

F

(Force-Sensing Resistors)	力感應電阻計
(Force-Torque)	力轉矩
(Frame)	幀

I

(Image)	成像
(Inductive)	電感

J

(Joint)	關節

L

(Laser Beam Scanner)	雷射掃描儀
(Light Emitting Diode Transmitter)	發光二極體發射器

M

(Measure)	測量
(Microswitch)	微動開關

N

(Noise)	雜訊
(Noncontact)	非接觸式
(Nonlinearity)	非線性特性

O

(Offset Error)	偏移誤差

P

(Photodiode Receiver)	光二極體接收器
(Piezoelectric Transducer)	壓電感測器

(Potentiometer)	電位計
(Projector)	投影機
(Proximity)	近接的

R

(Random Deviation)	隨機偏差
(Reflectance)	反射率
(Refractive Index)	折射率

S

(Sensing)	感應
(Sensitivity)	靈敏度
(Sensor)	感測器
(Signal)	訊號
(Static Sensing)	靜態感測
(Stationary)	靜止的
(Strain Gauge)	應變規
(Supersonic)	超音波的

T

(Tactile)	觸覺式
(Television Camera)	端攝影機
(Touch)	觸摸式
(Transfer Function)	轉移函數

V

(Vibrational)	振動的
(Visual)	視覺的
(Voice Communication)	語音溝通

11

機器人學
Robotics

　　機器人學 (Robotics) 是一門將電腦科學與工程學相結合的跨學科領域，涵蓋了機器人的設計、構造、操作和使用，其目標爲設計可幫助和輔助人類的機器，它整合了機械工程、電機工程、資訊工程、機電整合、電子工程、生物工程、電腦工程、控制工程與軟體工程等領域。

圖 11-1　機器人

　　機器人有許多的定義，若根據所使用的定義，全世界有許多種機器人裝置。在製造工廠內有許多單用途的機器看似機器人，這些機器是有線連接來執行單一功能的，而且不能以編寫程式來執行另一個功能，這種單一目的機器不符合廣泛所接受的機器人的定義。美國機器人協會 (Robot Institute of America) 定義「機器人是爲了執行多種作業，通過程式控制的動作，移動材料、零件、工具或特殊裝置，而設計的可重新編程 (Reprogrammable) 多功能 (Multifunctional) 的機械手臂」，要注意的是此定義包含了可重新編程和多功能的條件。

知識大補帖　　機器人

1954 年喬治德沃爾 (George Devol) 基於數控技術和遠程機械手臂技術，首次設計了可編寫程式的機器人。數控技術為機器人提供了一種機器控制的形式，它允許儲存程式來控制運動的方式，其中包含機器人可以依次開始動作和停止運動的數據點，以及，允許決策設定的邏輯敘述。遠程機械手臂技術使得機器不僅是 NC 機器，這允許機器成為一個機器人，在不安全、無法接近的地方都能完成各種製造工作。德沃爾將這兩項技術合二為一，開發了工業機器人，1959 年首次商業化生產。

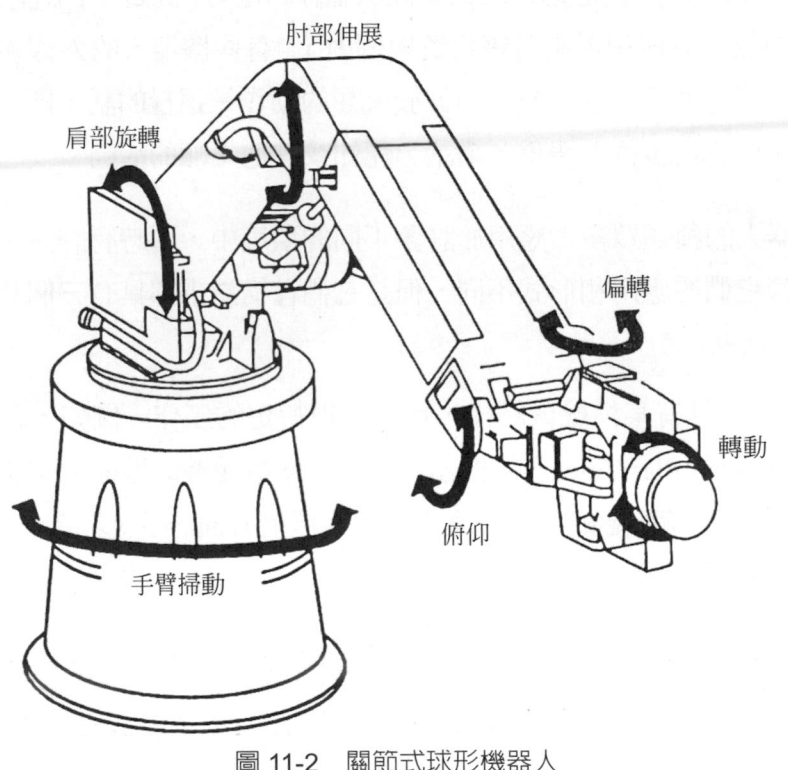

圖 11-2　關節式球形機器人

　　　前一段話已經說明了數控機床和機器人之間的關聯。模仿人類動作的機械手臂已經存在很長時間了，例如，原子科學家已使用遠距控制的機械手臂來處理輻射屏障室內的放射性物質。為了使用這些機械手臂，科學家們不得不發展一種手動技能，這可能是經過反複試驗的結果，但是這些類似於手動機器而不是數值控制的機器。

　　　如果這些手動的機械手臂可以藉由數學定序程式驅動，在三維空間中移動，那麼機器移動的精度可能更高，這就是機器人的本質—依照數值控制工程師指令動作的機械手臂，這些指令是一連串的動作來指示其空間運動，並且通知何時應該抓住、開始噴漆或開始銲接等動作。機器人可以應用在許多方面，目前大多使用於危險的環境 (包括放射性物質的檢查、炸彈的檢測和拆解)、製造過程或人類無法生存的地方(例如,在太空、水下、高空、加熱、清理和遏制有害物質與輻射)。有些機器人的外觀類似於人類，據說這有助於機器人執行類似於人類的動作，這樣的話，即可嘗試使機器人執行任何步行，舉重，講話，認知或其他人類的活動。

　　　機器人的種類眾多，應用於許多不同的環境中，同時有許多不同的用途，儘管它們的應用和形式不同，但是它們在構造上都具有三個基本相似之處：

1. 機器人都具有某種機械結構，旨在實現特定的工作，例如，設計具有履帶 (Caterpillar Tracks) 的機器人是為了穿越泥濘的地面。完成指定工作和克服環境問題的解決方案主要應從機構方面著手，功能決定外型。

圖 11-3　履帶的機器人

2. 機器人具有動力和控制機械的電機組件，例如具有履帶的機器人將需要某種動力來帶動履帶。動力是以電能的形式出現，電能必須來自電池通過電線傳輸，即使主要由汽油獲得動力的載具仍需要電流來啓動燃燒過程。機器人的作動(由馬達提供)、感測(量測溫度、震動與位置)和操作主要是從電機方面來著手。

3. 所有機器人都包含某種程度的電腦程式代碼，程式是機器人決定何時或如何做某事的軟體。在履帶的範例中，機器人需要在泥濘的道路上移動，它可能具有正確的機械構造，並且從電池中獲得正確的電量，但是如果沒有程式告訴它要移動，就不會移動到任何位置。程式是機器人的核心要素，機器人可能具有出色的機械和電機構造，但是如果程式架構不當，那麼它的性能會非常差 (甚至可能根本無法執行)。

　　機器人常用的構件有動力源 (Power Source)、制動器 (Actuator)、感測器 (Sensor)、機械手臂 (Manipulator) 和機械夾爪 (Mechanical Gripper)。許多不同類型的電池可用作機器人的動力源，從安全、壽命較長的鉛酸電池到體積較小、價格昂貴的銀鎘電池都有。當設計機器人使用電池時，需要考慮安全性，循環壽命和重量等因素。

　　機器人其他可能使用的動力源包括氣壓、太陽能、液壓或核能。制動器就如同機器人的肌肉，可將儲存的能量轉換為動作。最常用的制動器就是電動馬達 (可轉動齒輪) 和線性制動器 (Linear Actuator)，線性制動器通常由液壓 (液壓制動器) 或氣壓 (氣動制動器) 提供動力，也可由電力提供動力，但其機構則由馬達和螺桿所組成。另一種常見的類型是機械式線性制動器是用手轉動的，例如汽車上的齒條和小齒輪 (Pinion)。

　　感測器部分則包含觸覺感測器、視覺感測器及其他類型感測器。機械手臂則是一種具有機械機構的手臂，通常是可編寫程式來操作的，同時具有與人類手臂相似的功能，有人將其定義為：通過選擇性的接觸對環境控制的物件。手臂可能是整個機構的總成，也可能是更複雜機器人的一部分。

 知識大補帖 　**機器手臂**

> 　　機械手臂的連桿通過接頭連接起來，允許旋轉運動或線性的位移。機器人需要拾取、處理或以其他方式對物體產生影響。所以機械手臂主要產生作用的功能端通常被稱為末端執行器 (End Effector)，因為連接於機械手臂的末端，又稱為機械夾爪，類似於人的手。

　　大多數的機器手臂都可更換末端的機械夾爪，每個機械夾爪都可執行一些特殊的任務。有些機器手臂無法更換其機械夾爪，而有些機器手臂有個非常通用的機械夾爪，例如人形手。

圖 11-4　機械夾爪

　　因此，我們也可以這麼說，機器人是特殊專用的數控機床，機器人的控制機制是 MCU 和程式所提供的其智能所組成，即專用工具路徑的數學彙編。在這種情況下，工具的路徑可能是空間中抓取零件，並將其放置於其他位置的過程。索然刀具路徑的目的和 NC 車床的刀具路徑的目的不同，但是原理是相同的。NC 撰寫工程師對機器人運動寫出程式，就像對 NC 機床的切割設備所做的一樣。

　　通常，必須非常精確地控制機器人的運動，而數控機床可以依靠導螺桿和床身的精度。所以，MCU 就被功能更強大的微電腦所取代，這些微電腦具有更好的控制能力。使用機器人的想法就和使用數控機床的想法一樣，機器人產生工件的品質更高，工作速度也比新手和熟練的人更快，也可以對機器人專寫程式指令以完成熟練的操作員的工作。隨著應用於機器人的 MCU 變得越來越強大，同時感測設備從原始壓力傳感器發展到應用於觸摸、感覺和視覺更精細的感測器下，機器人將模仿更多人類的運動，尤其是手指的運動。

　　仿生學 (Biomimetics，Biomimicry，Bionics) 是一個模擬自然模型、系統和元素，以解決複雜問題密切相關的領域。生物透過自然選擇已經調適出良好的結構和材料，仿生學已經受到巨觀和奈米級 (Nanoscale) 生物的啓發，產生解決方案的新技術。人類一直都在自然當中尋找問題的答案，大自然中各種的生物已經解決了諸如自癒能力、環境適應性、疏水性 (Hydrophobicity) 和利用太陽能等工程問題。仿生學原則上可以應用於許多的領域，由於生物系統的多樣性和復雜性，可被模仿的特徵數量很多，仿生應用正處於不同的發展階段，從可能成爲商業可用的技術到原型開發。

圖 11-5　大自然中的生物

💡 知識大補帖　**仿生學**

　　飛機的機翼設計和飛行技術即是受到鳥類和蝙蝠的啓發，日本新幹線 500 系列的高速列車之流線設計的空氣動力學，就是以翠鳥的鳥喙作爲藍本。

　　許多現代的機器人都是受到大自然的啓發，爲仿生機器人領域做出了貢獻。仿生機器人是仿生設計的一個相當新的子類別，它是關於從自然中學習概念並將其應用於現實世界工程系統的設計。更具體地說，這個領域是關於製造受生物系統啓發的機器人。

　　仿生學和仿生設計有時會混淆。仿生學是從自然中複製而來，而仿生設計是從自然中學習，並製造出一種比自然界中觀察到的系統更簡單、更有效的機制。仿生機器人是關於研究生物系統，並尋找可能解決工程領域問題的機制。然後，設計者應該嘗試為感興趣的特定任務簡化和增強該機制。受生物啟發的機器人專家通常對生物感測器 (例如眼睛)、生物執行器 (例如肌肉) 或生物材料 (例如蜘蛛絲) 感興趣。大多數機器人都有某種類型的運動系統。

問題與討論 ?!

1. 機器人常用的構件有哪些？
2. 試簡述機器人的定義。
3. 機器人在構造上具有哪些相似之處？
4. 何謂仿生學？

專業英文詞彙

A

| (Actuator) | 制動器 |

B

| (Biomimetics, Biomimicry, Bionics) | 仿生學 |

C

| (Caterpillar Tracks) | 履帶 |

E

| (End Effector) | 末端執行器 |

H

| (Hydrophobicity) | 疏水性 |

L

| (Linear Actuator) | 線性制動器 |

M

(Manipulator)	機械手臂
(Mechanical Gripper)	機械夾爪
(Multifunctional)	多功能

N

| (Nanoscale) | 奈米級 |

P

| (Pinion) | 齒條和小齒輪 |
| (Power Source) | 動力源 |

R

(Reprogrammable)	重新編程
(Robot Institute of America)	美國機器人協會
(Robotics)	機器人學

S

| (Sensor) | 感測器 |

12

機電整合
Mechatronics

所謂的「機電整合」也稱為機電整合工程，基本上就是機械電子學，是由機械和電子兩方面專業而形成的專業。所以機電整合的英文 Mechatronics 是從機械的英文 Mechanics 和電子的英文 Electronics 兩個字組合而成。其內容著重於機械、電子和電機工程系統的組合，包括機器人、電子、系統、控制和產品工程的組合。

最初機電整合領域只是機械和電子的結合，因此得名於機械和電子的混合體；然而，隨著技術系統的複雜性不斷發展，定義已擴大到包括更多的技術領域。目前，機電整合被認為是先進自動化行業的重要術語。

許多人將機電整合視為自動化 (Automation)、機器人技術 (Robotics) 和機電工程 (Electromechanical Engineering) 的代名詞。機電整合工程師將機械、電子和計算原理結合起來，以生成更簡單、更經濟和更可靠的系統。

依據 IFEE/ASME 期刊所述，機電整合的定義為：含括機械的 (Mechanical)、電子的 (Electronical) 與資訊工程 (Computer Engineering) 科學，針對各種元件、模組、產品或系統進行分析，來達到設備的功能要求與設備之間的聯結。

工業機器人就是機電整合一個典型的例子，它是一種經過重複編寫程式和自動控制的程序，達成製造過程中某些操作任務的多功能、多自由度的機電整合自動化的機械裝備和系統，如圖 14-1 所示，它包括電子，機械和電腦各領域的專業，以完成其日常作業。

再以工具機為例說明，其構成包含機架、移動或轉動零件、動力傳動機構、夾持機構以及動力源─馬達。以現代的機電整合技術而言，它並非完整的系統，因為現代的工具機是使用伺服馬達作為動力源，同時使用滑軌作為移動的基座，另外使用位置感測器來監控刀具及轉軸的移動位置，其中更運用電腦作為系統整合的設備，將工具機進行精密的控制，使得機械製造更為準確與快速。若再以通訊技術整合整廠設備，並由遠端搖控設備，即為智慧化工廠。所以機電整合可以視為產業自動化的基礎技術，也是產業升級的重要關鍵之一。

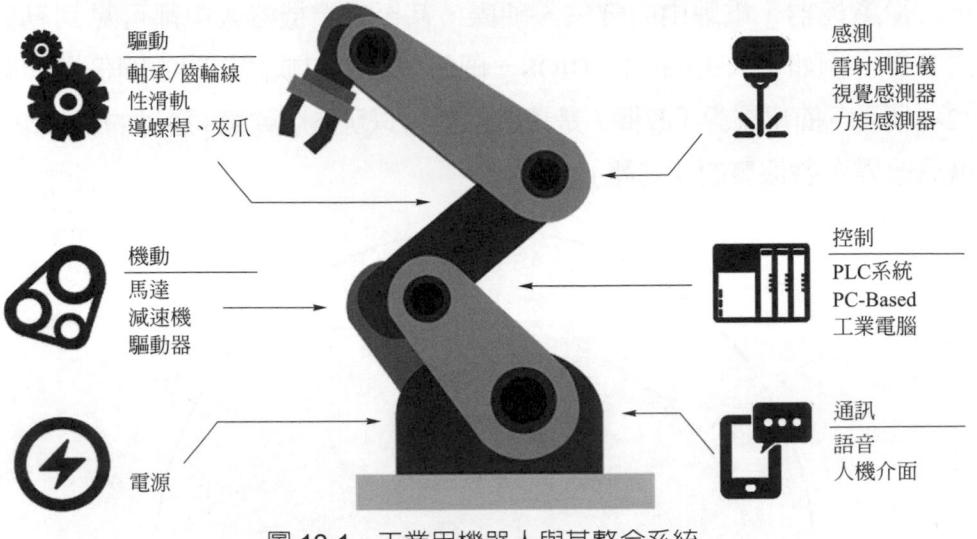

驅動
軸承/齒輪線
性滑軌
導螺桿、夾爪

感測
雷射測距儀
視覺感測器
力矩感測器

機動
馬達
減速機
驅動器

控制
PLC系統
PC-Based
工業電腦

電源

通訊
語音
人機介面

圖 12-1　工業用機器人與其整合系統

　　機電整合專業提供有關機構或各子領域技術系統的優化的概念，以及應用於研發時模型建立和模擬工具的知識。對於某些機電系統而言，主要問題不再是如何實現控制系統，而是如何實現執行特殊動作的機器。機電整合系統中，主要包含有機構系統、制動器 (Actuator) 與感測器 (Sensor)，這些部分稱為硬體 (Hardware)。制動器是機器的一種元件，負責機構或系統的移動和控制，例如閥件的移動，簡單來說，就是一個「移動件」。感測器則是一種為了感測物理現象而產生輸出信號的元件。另外還包含了控制作動順序的控制系統；一般而言，在控制系統中會包含有軟體 (Software) 與韌體 (Firmware)。

　　在程式中，韌體是一類特定類型、嵌入在硬體裝置中的軟體，通常位於特殊應用積體電路 (Application Specific Integrated Circuit，ASIC) 或可程式邏輯裝置 (Programmable Logic Device，PLD) 之中的快閃記憶體或 EEPROM 或 PROM 裡，主要在當作軟體和硬體之間的媒介，可為設備的特定硬體提供低階的控制，也可以為更複雜的系統軟體提供標準化的操作環境，或者為較簡單的設備充當操作系統，執行所有的控制、監視和數據處理。

　　從遙控器、電腦中的鍵盤、硬碟，甚至工業機器人中都可見到韌體的身影。例如個人電腦中的 BIOS。硬體、韌體與軟體之間的關係則如圖 12-2 所示。簡單來說「改機」是讓遊戲機可以玩盜版軟體；這裡的「改機」就是改變遊戲機裏的「韌體」。

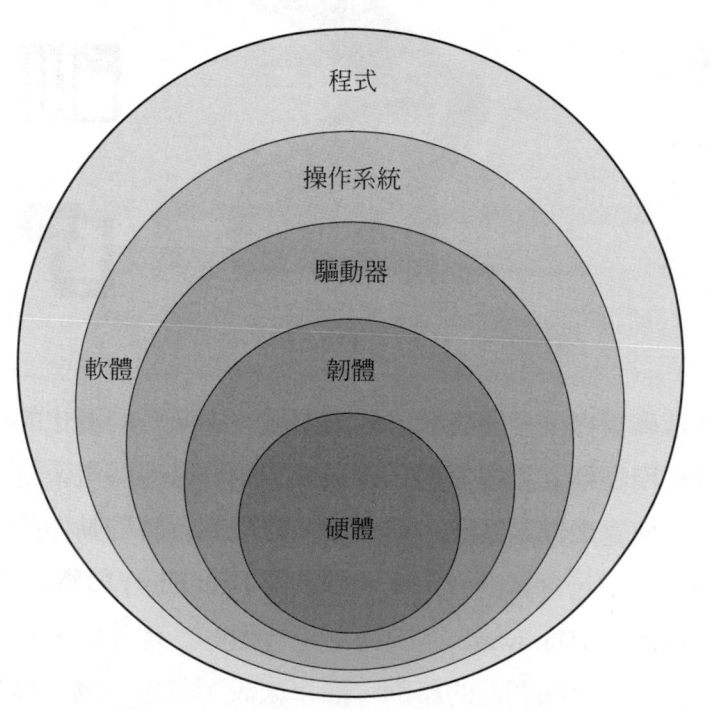

圖 12-2　硬體、韌體與軟體之間的關係

 知識大補帖　軟體

　　軟體則是一系列依照所需順序而成的電腦資料與指令，不具形體的部分。例如電腦內部中有形體的部分稱為硬體，像是外殼以及各個零件和電路等；而軟體則包含電腦執行的程式，像是執行檔 (Executable File)、函數 (Function) 和文字檔 (Text File) 等等都屬於軟體。軟體並不一定只包括可以在電腦上執行的電腦程式，有些定義中，與電腦程式相關的文件，一般也被認為是軟體的一部分。簡單的說軟體就是程式加文件的集合體。

韌體   軟體

與

圖 12-3 軟體與韌體之間的差異

　　機械手臂就是機電整合的最佳範例，所有的機構 (Mechanism)、感測器、馬達 (Motor)、驅動器 (Driver) 與電路 (Circuit) 等物理組件都是屬於硬體的部分，而終端使用者設定機械手臂所需作動的指令 (Instruction) 與機械手臂行動的路徑 (Path)，則屬機械手臂的軟體。當機械手臂在特定位置時，位置感測器感測位置訊息，將訊息傳入韌體內轉換訊號成為驅動器控制馬達的機器語言，來設定馬達正反轉與轉動角度，以控制機械手臂的作動。

　　機電整合的系統架構大致上分為量測 (Measurement)、判斷 (Judgement)、驅動 (Drive) 等三種基本動作。首先以感測器進行量測後，再以控制器做判斷，最後由控制制動器命令機構完成所規劃的動作，以達到機構自動化的目的。機電整合系統的組成元件除了感測器、控制器及制動器之外，還包含機械結構與動力來源。制動器的作動需要控制信號和動力來源，控制信號的能量相對較低，可以是電壓或電流、氣壓或液壓，甚至是人力。而機電整合系統的的主要動力來源則是電流、液壓或氣壓。

知識大補帖　常用元件

感測器常用的元件有光電開關 (Photoelectric Switch)、溫度開關 (Temperature Switch)、壓力開關 (Pressure Switch)、近接開關 (Proximity Switch)、磁簧開關 (Magnetic reed Switch)、影像感測器及極限開關等。

控制器常用的元件有可程式化邏輯控制器 (Programmable Logic Controller, PLC)、PC Based 控制器、微處理機控制器 (Microprocessor Controller) 等；制動器常用的元件有伺服馬達 (Servo Motor)、步進馬達 (Stepper Motor)、感應馬達 (Induction Motor)、直流馬達 (DC Motor)、液氣壓缸 (Hydraulic Cylinder)。

機構常用的元件則包括進給齒輪 (Feed Gear)、螺桿 (Screw)、槓桿 (Lever)、連桿 (Linkage)、凸輪 (Cam) 等。

問題與討論 ?!

1. 試說明機電整合的定義為何？
2. 何謂韌體？其英文為何？
3. 試說明機電整合系統架構的動作有那些？
4. 試以機械手臂為例說明其硬體與軟體的部分分別為何？
5. 試寫出下列英文之中文名稱：(a)ASIC　(b)PLC　(c)PLD

專業英文詞彙

A

(Actuator)	制動器
(Application Specific Integrated Circuit, ASIC)	特殊應用積體電路
(Automation)	自動化

C

(Circuit)	電路
(Computer Engineering)	資訊工程

D

(Drive)	驅動
(Driver)	驅動器

E

(Electromechanical Engineering)	機電工程
(Electronical)	電子的
(Electronics)	電子
(Executable File)	執行檔

F

(Firmware)	韌體
(Function)	函數

H

(Hardware)	硬體

I

(Induction Motor)	感應馬達
(Instruction)	指令

J

(Judgement)	判斷

M

(Magnetic Reed Switch)	磁簧開關
(Measurement)	量測
(Mechanical)	機械的
(Mechanics)	機械
(Mechanism)	機構
(Mechatronics)	機電整合
(Microprocessor Controller)	微處理機控制器
(Motor)	馬達

P

(Path)	路徑
(Photoelectric Switch)	光電開關
(Pressure Switch)	壓力開關
(Programmable Logic Controller, PLC)	可程式化邏輯控制器
(Programmable Logic Device, PLD)	可程式邏輯裝置
(Proximity Switch)	近接開關

S

(Sensor)	感測器
(Servo Motor)	伺服馬達
(Software)	軟體
(Stepper Motor)	步進馬達

T

(Temperature Switch)	溫度開關
(Text File)	文字檔

13

熱力系統
Thermodynamic System

　　所謂的熱力系統是指利用能量轉換 (Conversion) 的方式產生冷熱效應的系統或裝置，熱力系統可以是任何流體或汽體 (Vapor)，會和蓄熱器 (鍋爐)、蓄冷器 (冷水流) 或活塞 (通過推動做功) 接觸，熱力系統可以通過熱量傳遞 (傳入或傳出) 來產生功，熱力系統最常看到的例子就是火力發電廠 (Power Plant)、車輛引擎、冷氣機 (Air Conditioner) 和冰箱 (Refrigerator)。熱力系統中工作的物質稱為工作流體 (Working Fluid)，包含水、空氣和冷媒 (Refrigerant)。

　　火力發電廠、垃圾焚化廠和核電廠都可應用於工業的發電設施，其原理都很類似，只是熱能的來源並不相同。火力發電廠燃燒煤炭 (Coal)、石油或天然氣 (Natural Gas)，垃圾焚化廠則是利用燃燒垃圾發電，而核電廠則是利用核子反應的熱能來發電。其設備流程圖則如圖 13.1 所示。

　　從圖中可看出水進入節熱器 (Economizer) 進入蒸汽鼓 (Steam Drum)，再流到過熱器 (Superheater) 中，然後流回至蒸汽鼓內。一般通稱的鍋爐主要包含節熱器、蒸汽鼓和從節熱器到蒸汽鼓之間陰影空間的部分即為燃燒室 (Combustion Chamber)，燃煤的高溫廢氣與設備進行熱交換，將高壓液態水加熱成過熱水蒸汽 (Superheated Vapor) 流出。過熱水蒸汽流進高壓渦輪機 (Turbine)；高壓水蒸汽經過高壓渦輪機降壓之後，再流回鍋爐的再熱器 (Reheater) 成為中壓的過熱水蒸汽，流入中壓渦輪機；中壓水蒸汽經過渦輪機降壓之後，再流回鍋爐的再熱器成為低壓的過熱水蒸汽。蒸汽帶動渦輪機轉動，渦輪機轉動發電機 (Generator) 發電。從低壓渦輪機流出水汽混合物，會流過冷凝器 (Condenser) 將所有水汽混合物冷卻成為低壓的液態水，再經過凝結水泵加壓成為高壓液態水。

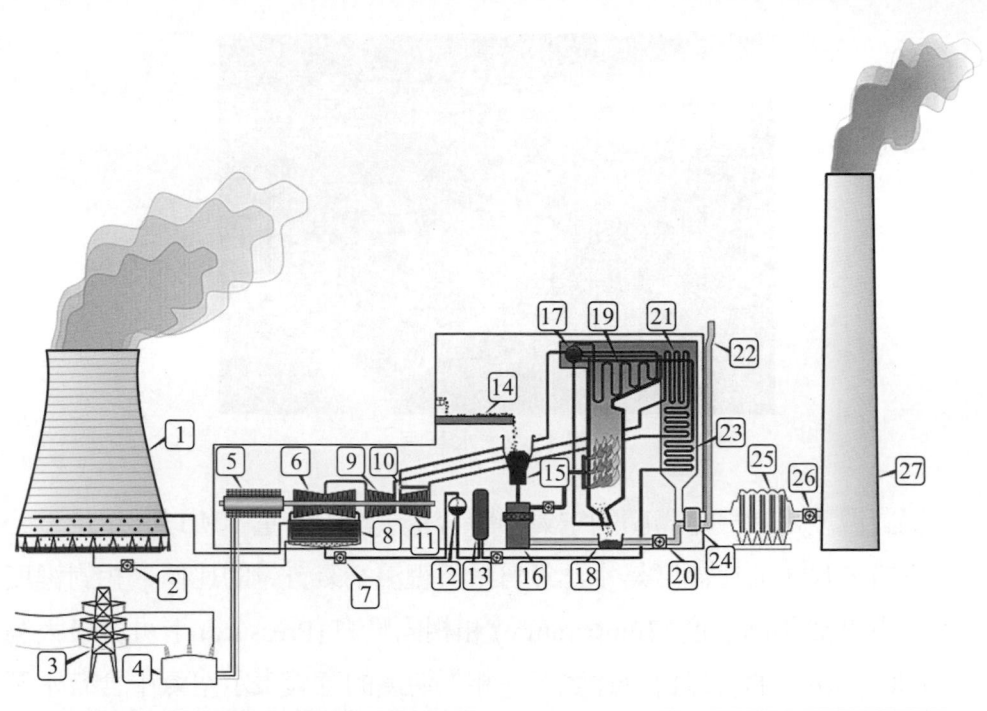

圖例					
1.冷卻塔	6.低壓渦輪機	11.高壓渦輪機	16.磨煤機	21.再熱器	26.送風機
2.循環水泵	7.凝結水泵	12.除氧器	17.蒸汽鼓	22.冷空氣	27.煙囪
3.鐵塔	8.冷凝器	13.加熱器	18.煤渣斗	23.節熱器	
4.變壓器組	9.中壓渦輪機	14.輸煤皮帶	19.過熱器	24.空氣預熱器	
5.發電機	10.高壓調門	15.煤斗	20.送風機	25.除塵器	

圖 13-1　燃煤火力發電廠設備流程圖

　　我們都知道空氣中含有水汽，尤其在夏天的時候，裝有冰塊的杯子外面，都會有水份凝結在杯子上。在熱力系統當中，我們會假設氣體不會溶解在水裡，而且氣體部份可視為理想氣體 (Ideal Gas) 的混合物，所以在進行空氣性質調節時，都會將空氣稱為氣體－蒸汽混合物 (Gas-Vapor Mixture)。

　　一般而言，表示空氣中含有水蒸汽 (Water Vapor) 的多寡稱為濕度 (Humidity)，它有三種表示方式：絕對濕度 (Absolute Humidity)、相對濕度 (Relative Humidity, RH) 與比濕度 (Specific Humidity)。

圖 13-2　水蒸汽

　　絕對濕度是指一定體積的空氣中所含水蒸汽的質量，所以其單位為公克／立方公尺，而比濕度是水蒸氣質量與總濕空氣質量的比值。相對濕度是絕對濕度於相同溫度 (Temperature) 和相同壓力 (Pressure) 下可含最大濕度之間的比值，通常以百分比表示。相對濕度的意義表示空氣中含有水蒸汽的飽和度，相對濕度為 100% 的空氣是水蒸汽飽和的空氣。

　　隨著溫度的增加，空氣中可以包含的水份就越多，也就是說，在同樣多的水蒸汽的情況下，溫度降低相對濕度就會提高。因此在提供相對濕度的同時，也必須提供溫度的數據，藉由最高濕度和溫度的數據，也可以計算出露點 (Dew Point)。氣體－蒸汽混合物的露點是指水汽在定壓下凝結 (Condense) 時的溫度。當壓力固定時，溫度降低則相對濕度增大，溫度升高則相對濕度減小；霧和霜在夜間或清晨產生就是這個道理。

知識大補帖 濕度

在一定的濕度下氧氣比較容易通過肺泡進入血液，人體感覺舒適的溫度為 18~21°C，濕度為 50%~70%。溫度高而不通風的房間裡的相對濕度一般比較低，濕度過高時會影響人體調節體溫的排汗功能，人會感到悶熱。整體來說，人在高溫但低濕度的情況下 (例如沙漠)，比在溫度不太高但濕度很高的情況下 (例如雨林) 的感覺要好，所以在空氣調節時，常需要除濕機 (Dehumidifier) 移除水汽。當然也有增濕器 (Humidifier)，這是在冬天低溫開暖氣時，相對濕度太低，使得皮膚乾燥甚至發癢，此時則需使用增濕器來增加室內的相對濕度。

空調系統 (Air Conditioning)，通常縮寫為 A/C 或 AC，是在封閉的室內空間中藉由供應空氣調節器 (Air Conditioner，也就是冷氣機) 能量或各種其他方法，來去除熱量 (加溫或降溫) 並控制空氣的濕度，以實現更舒適的室內環境的過程，包括被動冷卻和通風冷卻。

圖 13-3 冷氣機

　　暖通空調系統 (HVAC) 是機械工程的一個分支學科，基於熱力學、流體力學和傳熱原理，提供一系列暖氣 (Heating)、通風 (Ventilation) 和空調技術的整合。製冷 (Refrigeration) 有時也會添加到該字段的縮寫中，寫爲 HVAC&R 或 HVACR。

　　在冷氣開啓時也會產生除濕的效果，所以冷氣開啓時需要排水。冷氣機和冰箱這樣的熱力系統是如何來獲得低溫的效果呢？

圖 13-4　冰箱

　　圖 13-5 爲壓縮蒸汽冷凍系統的理想模式，工作流體則是冷媒。低壓汽態的冷媒進入壓縮機 (Compressor) 被壓縮爲高溫高壓汽態，接著流入冷凝器內進行散熱，當冷媒離開冷凝器時則爲高壓的液態，再經過膨脹閥 (Expansion Valve) 或毛細管 (Capillary Tube) 的作用，使得冷媒的壓力下降 (膨脹)，成爲低溫低壓的液汽兩相共存狀態。低溫的液態冷媒進入蒸發器 (Evaporator) 內吸熱，使得進入蒸發器的空氣降溫，達到降低室內空氣溫度的效果。在此循環中，需要對壓縮機輸入能量，才能達到製冷的效果。

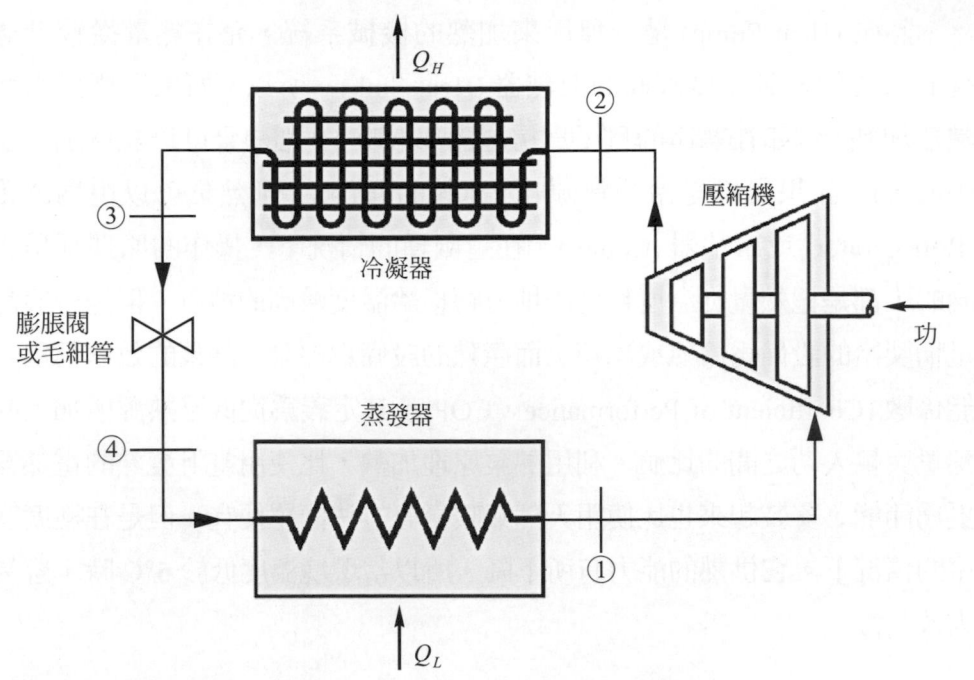

圖 13-5 壓縮蒸汽冷凍系統 (Vapor Compression Refrigeration System) 簡圖

💡 知識大補帖　**能源效率比**

　　一般冷氣機或電冰箱的效能常用能源效率比 (Energy Efficiency Ratio, EER) 來表示。能源效率比在傳統上用來表示 HVAC 系統的性能，是基於室外溫度為 35°C 時的能源效率比。

　　熱泵 (Heat Pump) 是一種用來加熱的機械系統，允許熱量從較低溫度的來源傳輸到溫度較高的散熱器 (Heat Sink)。所以，如果目標是爲散熱器加熱 (例如在寒冷的日子爲房屋內部取暖)，則熱泵可以視爲加熱器 (Heater)；如果目標是冷卻熱源 (如冰箱的運作)，則熱泵可以視爲冰箱 (Refrigerator) 或冷卻器 (Cooler)。在這兩種的情況下，操作的原理都是相同的，都是把熱量從溫度較低的地方轉移給溫度較高的地方。但是一般都是稱製冷的設備爲冷氣或冰箱，而產熱的設備爲熱泵。熱泵的效率稱爲效能係數 (Coefficient of Performance，COP)，其定義爲從低溫熱源所加入的熱量與輸入功之間的比值。利用熱泵原理加熱，比使用電阻發熱的電熱器更爲節能，安裝起來也比使用天然氣暖氣等方法簡單便宜。但是在極度寒冷的情況下，它供熱的能力有所下降。所以當環境溫度低於 5°C 時，容易失效。

　　冷媒是空調系統和熱泵循環中使用的工作流體，在大多數情況下，它們會經歷從液體到汽體重複循環的相變過程。最早的製冷設備使用有毒或易燃的氣體作爲冷媒，例如氨 (Ammonia)、二氧化硫 (Sulfur Dioxide)、氯甲烷 (Methyl Chloride) 或丙烷 (Propane) 等，冷媒一旦洩漏，可能會導致致命的事故。

　　在 1928 年開發了第一種不易燃、無毒的氣體－氟利昂 (Freon，R-12)，該名稱是杜邦所有氟氯碳化物 (CFC，Chlorofluorocarbon)、氫氟氯碳化物 (HCFC，Hydrochlorofluorocarbon) 或氫氟碳化合物 (HFC，Hydrofluorocarbon) 冷媒的商標名稱。之後隨著發現更好的合成方法，像 R-11、R-12、R-123 和 R-502 等 CFC 佔據了市場的主導地位。

知識大補帖 **理想的冷媒**

理想的冷媒應該是無腐蝕性、無毒、不易燃、不會消耗臭氧且非溫室氣體，最好是天然的，經過充分研究且對環境影響較小。同時其沸點 (Boiling Point) 需略低於目標溫度 (雖然可以藉由調節壓力來調節沸點)，汽化熱 (Heat of Vaporization) 高，液態時的密度不高，氣態時的密度相對較高。

在 1928 年開發了第一種不易燃、無毒的氣體—氟利昂 (Freon，R-12)，該名稱是杜邦所有氯氟烴 (CFC)、氫氯氟烴 (HCFC) 或氫氟烴 (HFC) 冷媒的商標名稱。之後隨著發現更好的合成方法，像 R-11、R-12、R-123 和 R-502 等 CFC 佔據了市場的主導地位。

在 1980 年代初期，科學家們發現 CFC 對臭氧層 (Ozone Layer) 造成了重大破壞，導致了 1989 年《蒙特婁議定書》的簽署，將淘汰 CFC 和 HCFC。在 1990 年代和 2000 年代則使用像是 R-134a、R-143a、R-407a、R-407c、R-404a 和 R-410a 的 HFC 取代 CFC 和 HCFC。

雖然 HFC 不會消耗臭氧層，但是其全球暖化潛值 (Global Warming Potentials) 是二氧化碳的數千倍，所以從 2010 年代開始，新設備開始採用對臭氧層無傷，且全球暖化潛值更低的碳氫化合物和氫氟烯烴 (HFO) 的冷媒，如 R-32、R-290、R-600a 等。碳氫化合物和二氧化碳有時被稱為天然的冷媒，因為可以在自然界中找到它們。

問題與討論 **?**

1. 試簡述火力發電廠的設備流程。

2. 試問相對濕度定義為和？其英文又為何？

3. 試說明壓縮蒸汽冷凍系統的作動流程。

4. 何謂效能係數？其定義又為何？

5. 試簡述理想的冷媒所需具備的特性 (三項即可)。

專業英文詞彙

A

(Absolute Humidity)	絕對濕度
(Air Conditioner)	冷氣機
(Air Conditioner)	空氣調節器
(Air Conditioning)	空調系統
(Ammonia)	氨

B

(Boiling Point)	沸點

C

(Capillary Tube)	毛細管
(Coal)	煤炭
(Coefficient of Performance, COP)	效能係數
(Combustion Chamber)	燃燒室
(Compressor)	壓縮機
(Condenser)	冷凝器
(Conversion)	能量轉換
(Cooler)	冷卻器

D

(Dehumidifier)	除濕機

E

(Economizer)	節熱器
(Energy Efficiency Ratio, EER)	能源效率比
(Evaporator)	蒸發器
(Expansion Valve)	膨脹閥

G

(Gas-Vapor Mixture)	氣體－蒸汽混合物
(Generator)	發電機

H

(Heat of Vaporization)	汽化熱
(Heat Pump)	熱泵
(Heat Sink)	散熱器
(Heating)	暖氣
(Heater)	加熱器
(Humidifier)	增濕器
(Humidity)	濕度

M

(Methyl Chloride)	氯甲烷

N

(Natural Gas)	天然氣

O

(Ozone Layer)	臭氧層

P

(Power Plant)	火力發電廠
(Pressure)	壓力
(Propane)	丙烷

R

(Refrigerant)	冷媒
(Refrigeration)	製冷

(Refrigerator)	冰箱
(Reheater)	再熱器
(Relative Humidity, RH)	相對濕度

S

(Specific Humidity)	比濕度
(Steam)	水蒸汽
(Steam Drum)	蒸汽鼓
(Sulfur Dioxide)	二氧化硫
(Superheater)	過熱器
(Superheated Vapor)	過熱水蒸汽

T

(Temperature)	溫度
(Thermodynamic System)	熱力系統
(Turbine)	渦輪機

V

(Vapor)	汽體
(Ventilation)	通風

W

(Water Vapor)	水蒸汽
(Working Fluid)	工作流體

NOTE

14

流體力學與應用
Fluid Mechanics and Applications

首先我們先了解什麼是流體(Fluid)？流體顧名思義就是流動的物體，在物理學中，所謂的流體是指在施加剪力 (Shear Stress) 或是在外力的作用下，產生連續變形 (Deformation)(流動) 的物體，或者更簡單地說，是不能抵抗施加剪力作用的物質，所以包含了氣體 (Gas) 和液體 (Liquid)。但是像蜂蜜或是巧克力醬這樣的物質是否爲流體呢？那麼我們依據專業上對流體的定義「受到剪力的作用會持續變形的物體」來看，這些物質也可以視爲流體。根據剪力與剪應變率 (The Rate of Strain) 之間的關係，如圖 14-1 所示，可以將流體分爲牛頓流體 (Newtonian Fluid) 與非牛頓流體 (Non-Newtonian Fluid)。牛頓流體是在作用下產生流動時，其剪力與剪應變率成正比，即

$$\tau = \mu \frac{dx}{dy} \tag{a}$$

其中 τ 爲剪力，μ 是比例常數，爲流體的黏度 (Viscosity)，$\frac{dx}{dy}$ 爲剪應變率，且式 (a) 稱爲牛頓黏度定律 (Newton's Law of Viscosity)；而非牛頓流體之剪力和剪應變率不成比例。例如剪切增稠流體 (Shear-Thickening Fluid)，其黏度隨著剪應變率的增加而增加；剪切稀化流體 (Shear-Thinning Fluid)，其黏度則隨剪切應變速率降低。番茄醬就是一種剪切稀化流體，剪切變稀意味著流體黏度隨著剪切應力的增加而降低。

黏度是流體一個很重要的性質，其意義爲阻擋流體流動的指標，例如空氣的黏度低，水的黏度爲中等，油的黏度較高。黏度基本上可分爲兩種：絕對黏度 (Absolute Viscosity) 與相對黏度，絕對黏度又稱爲動力黏度 (Dynamic Viscosity)，其單位是泊(Poise，P)，常用的量度爲釐泊 (cP)，$1\,P = 1\,g \cdot s^{-1} \cdot cm^{-1}$。按照 SI 制，黏度單位爲 Pa·s，$1\,Pa\cdot s = 10\,P = 1000\,cP$；而相對黏度又稱運動黏度 (Kinematic Viscosity)，運動黏度的定義爲絕對黏度與密度的比值，故而稱之。一般而言，液體黏度隨溫度增加而降低，但是氣體的黏度隨著溫度上升而增加。

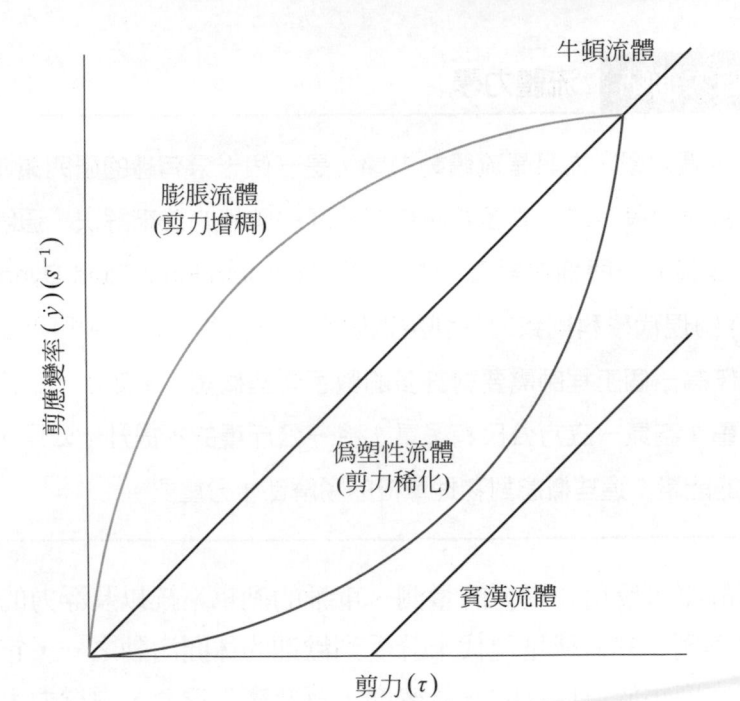

圖 14-1　流體剪力與剪應變率之關係圖

其次則為流體力學 (Fluid Mechanics) 的定義，流體力學是物理學的一個分支，它是一門探討流體靜止或是流動時所產生力量作用的學科，亦屬於應用力學的一部分，廣泛地應用於各個專業領域之中，包括機械、土木、化學和生醫工程學、地球物理學、海洋學、氣象學、天體物理學和生物學。

當討論流體靜止時所產生力量的物理行為時，稱為流體靜力學 (Fluid Statics)，例如壓力 (Pressure) 的量測應用、船舶的浮力 (Buoyant Force)、水庫水壩受力及油壓 (Hydraulic) 出力等問題；當討論流體流動時所產生的力量與力對流體運動的影響，則稱為流體動力學 (Fluid Dynamics)，例如飛機的升力 (Lift Force)、汽車的空氣阻力 (Drag Force)、在管內流動流體的壓降 (Pressure Drop) 等等。流體力學的應用非常廣泛，小至家中的水龍頭，大到水輪機 (Hydraulic Turbine) 的發電，處處都和流體力學息息相關。

知識大補帖 流體力學

　　流體力學，尤其是流體動力學，是一個十分有趣的研究領域，通常在數學上很複雜。許多問題最好是經由數值方法來解決，通常需要使用電腦，一門稱為計算流體力學 (Computational Fluid Dynamics, CFD) 的現代學科則致力於利用數值方法來分析流體運動所產生的力量。作為一個工程師需要對許多的數字有些概念，例如水一立方公尺有多重？空氣一立方公尺有多重？將一公斤重的水提升十公尺，需要多少的能量？這些概念對物理單位的了解都十分重要。

　　流體靜壓可應用在壓力的量測、車輛的剎車系統以及浮力的分析。以浮力應用為例，熱氣球是現代十分受到歡迎的休閒活動之一，它是利用氣球內充滿密度小於氣球外的空氣密度，藉此產生浮力，當浮力大於氣球及負載的物體兩者合起來之總重量時，氣球就可以向上浮起。氣球內部的空氣則是經過加熱，使空氣密度降低的方式來驅動。所以熱氣球的加熱器不作用時，熱氣球會慢慢地下降。也有人利用氣球內裝置密度比空氣小的氣體如氫氣 (Hydrogen) 和氦氣 (Helium)，也可升至空中。但是氣球所需的體積大小，就需要進行分析。

圖 14-2　熱氣球

　　流體流動時，其流動型態則可分爲層流 (Laminar Flow)、過渡流 (Transition Flow) 與紊流 (Turbulent Flow)，由於流動型態的變化，會使得流體在管內流動的摩擦 (Friction) 產生變化。

　　流體動力學中最有名的方程式爲柏努力方程式 (Bernoulli's Equation)，它表示流體流動時的能量守恆。例如靜止不動的水經過泵浦，把水壓高至十公尺高的地方時，若不考慮損耗，那麼泵浦所提供的能量即爲十公尺高度差的位能 (Potential Energy)。所以柏努力方程式可視爲流體力學中的能量不滅方程式 (Energy Conservation Equation)。當然，流體流動時還包括動能 (Kinetic Energy)，但是流體並不像質點一樣，只有位能和動能兩項，在流體物質中，還有壓力變化的能量和溫度變化的能量。熱力學所討論的能量不滅方程式就包含這些項目，但是在流體力學中，一般不考慮溫度的變化，所以柏努力方程式中只有壓力變化的能量、位能和動能總共三項。

💡 知識大補帖　**齊柏林飛船**

　　齊柏林飛船是一種或一系列硬式飛船的總稱，在外殼內，數個獨立的「氣囊」裝有比空氣輕的氣體，在 20 世紀初期主要的用途涵蓋了民用與軍事兩種領域。

圖 14-3　齊柏林飛船

　　柏努力原理的應用十分廣泛，位於飛機鼻頭量測飛機飛行速度的皮托管 (Pitot Tube) 和靜態孔口即爲一例，其樣式與原理如圖 14-4 所示。

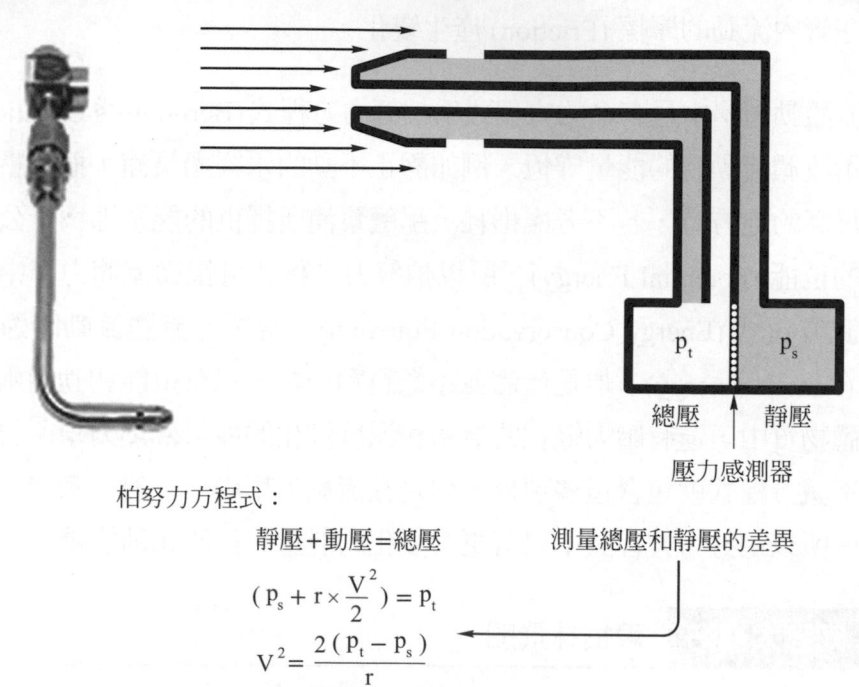

柏努力方程式：

靜壓＋動壓＝總壓

$$(p_s + r \times \frac{V^2}{2}) = p_t$$

測量總壓和靜壓的差異

$$V^2 = \frac{2(p_t - p_s)}{r}$$

圖 14-4　皮托管樣式與原理

　　飛機的飛行速度經由量測通過飛機氣流的動壓 (Dynamic Pressure) 計算出來，而動壓就是滯壓 (Stagnation Pressure) 和靜壓 (Static Pressure) 之間的差值。

　　文氏效應 (Venturi Effect) 也是運用柏努力原理，改變管路面積，來增加流速或是降低壓力的應用，其原理則如圖 14-5 所示。

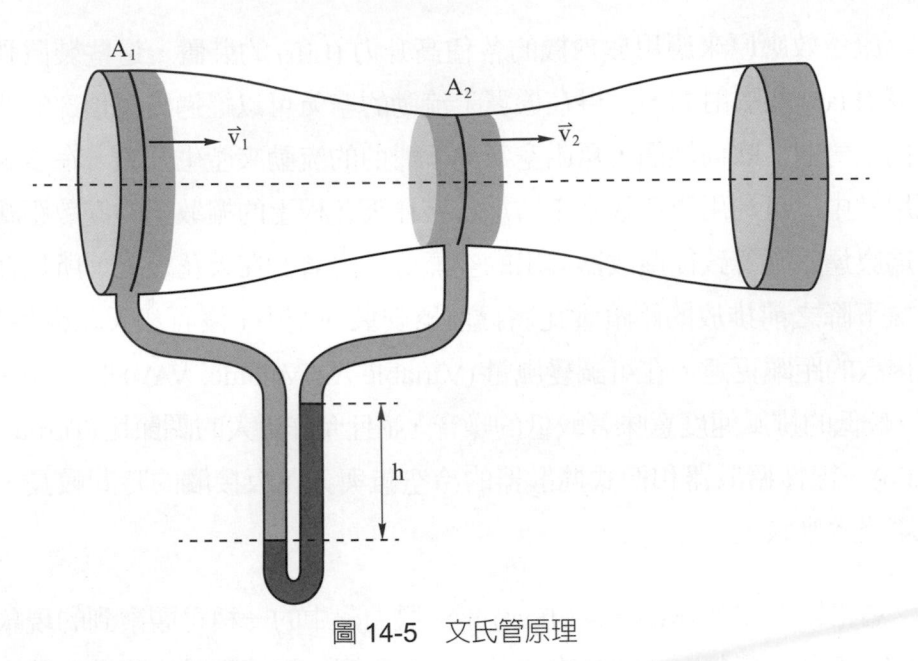

圖 14-5　文氏管原理

　　文氏效應是當流體流過管路中截面積縮小部分 (或喉部) 時，導致流體壓力降低的現象。在管路之中，可以使用文氏流量計或孔板等設備測量流體的流速。一般的清潔器噴嘴就應用這個原理，以前車輛的化油器 (Carburetor) 也是如此。

　　康達效應 (Coanda Effect) 是流體噴流保持附著在凸表面的趨勢，其描述為「從孔口流出的流體噴流傾向於跟隨相鄰的平坦或彎曲表面流動，並從周圍帶走流體從而形成低壓區域的效應」，其作用如圖 14-6 所示。

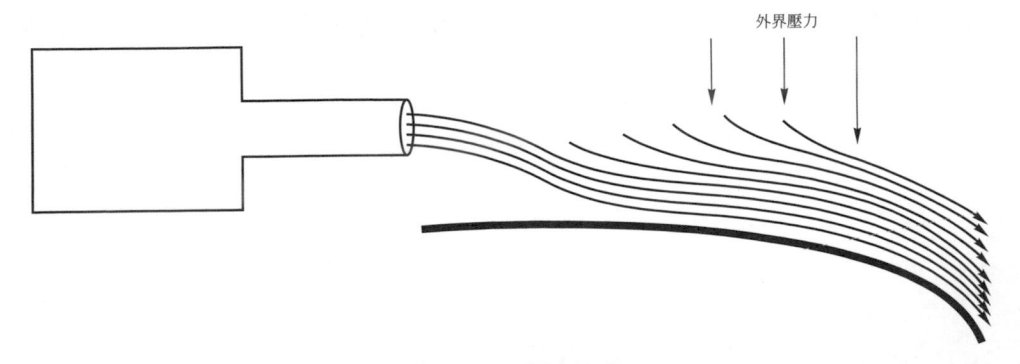

圖 14-6　康達效應

康達效應原來應用於飛機的各種高升力 (Lift) 的裝置，這些裝置利用襟翼 (Flap) 和噴射面，使得在機翼上流動的空氣可以經過機翼頂部的曲面「向下彎曲」吹向地面，藉由空氣向下彎曲的流動來產生升力。在空調的應用當中，可利用康達效應來增加安裝在天花板上的擴散器的擴散距離。因為康達效應導致從擴散器排出的空氣會「附著」在天花板上，所以在冷空氣下降之前排放的距離會比將擴散器安裝在空中 (沒有和天花板相鄰) 的排放的距離更遠。在可調變風量 (Variable Air Volume, VAV) 的空調系統中，較低的排風速度意味著較低的噪音，並且允許更大的調節比 (Turndown Ratio)。線性擴散器和槽式擴散器的冷空氣與天花板接觸的時間較長，表示康達效應較大。

馬格納斯效應 (Magnus Effect) 是流體力學中的一種可觀察到的現象，它是在流動的流體中，轉動物體所受到的影響。旋轉物體的移動軌跡會使物體在不旋轉時的路徑產生偏移 (Deflect)，其偏移量 (Deflection) 的大小則與旋轉速度大小有關。馬格努斯效應最容易觀察到的情況是，當一個旋轉的球體 (或圓柱體) 會偏離當球體不旋轉時移動的弧線。

馬格納斯效應通常和許多運動有關，被足球、排球、棒球和板球選手使用。因此，馬格納斯效應所產生的現象，在許多球類運動的物理研究中具有重要意義。其原理為當一個旋轉物體的旋轉角速度 (Angular Velocity) 向量 (Vector) 與物體飛行速度向量不重合時，在與旋轉角速度向量和移動速度向量組成的平面相垂直的方向上將產生一個橫向的作用力，其作用則如圖 14-7 所示。

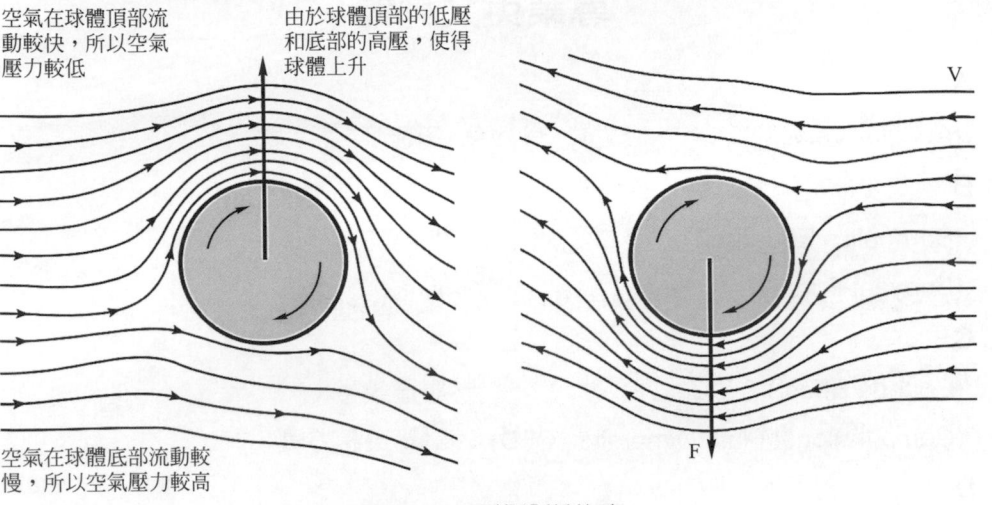

空氣在球體頂部流動較快，所以空氣壓力較低

由於球體頂部的低壓和底部的高壓，使得球體上升

V

空氣在球體底部流動較慢，所以空氣壓力較高

F

圖 14-7　馬格納斯效應

問題與討論

1. 試說明黏度的定義為何？其英文為何？

2. 試寫出牛頓黏度定律的公式。

3. 何謂馬格納斯效應？

4. 何謂康達效應？

5. 流體流動時，有哪幾種流動的型態？

6. 何謂文氏效應？

專業英文詞彙

A

(Angular Velocity)	角速度

B

(Bernoulli's Equation)	柏努力方程式
(Buoyant Force)	浮力

C

(Coanda Effect)	康達效應
(Computational Fluid Dynamics, CFD)	計算流體力學

D

(Deflect)	偏移
(Deformation)	變形
(Drag Force)	空氣阻力
(Dynamic Pressure)	動壓

E

(Energy Conservation Equation)	能量不滅方程式

F

(Fluid Dynamics)	流體動力學
(Fluid Mechanics)	流體力學
(Fluid Statics)	流體靜力學
(Fluid)	流體
(Friction)	摩擦

G

(Gas)	氣體

H

(Helium)	氦氣
(Hydraulic)	油壓
(Hydrogen)	氫氣

K

(Kinetic Energy)	動能

L

(Laminar Flow)	層流
(Lift Force)	升力
(Liguid)	液體

M

(Magnus Effect)	馬格納斯效應

N

(Newtonian Fluid)	牛頓流體
(Newton's Law of Viscosity)	牛頓黏度定律
(Non-Newtonian Fluid)	非牛頓流體

P

(Pitot Tube)	皮托管
(Potential Energy)	位能
(Pressure Drop)	壓降
(Pressure)	壓力

S

(Shear Stress)	剪力
(Shear-Thickening Fluid)	剪切增稠流體
(Shear-Thinning Fluid)	切稀化流體
(Stagnation Pressure)	滯壓
(Static Pressure)	靜壓

T

(The Rate of Strain)	剪應變率
(Transition Flow)	過渡流
(Turbulent Flow)	紊流

V

(Venturi Effect)	文氏效應
(Viscosity)	黏度

NOTE

15

車輛工程
Vehicle Engineering

　　一般所謂的車輛工程 (Vehicle Engineering) 並不是只有汽車工程，廣義來說，它是指所有的載具工程，這些載具包括太空梭 (Space Shuttle)，也就是航空太空工程 (Aerospace Engineering)；船舶，即造船工程 (Naval Architecture)；火車、捷運和高速鐵路，即軌道工程 (Rail Engineering)；但是目前國內許多所謂的車輛工程專業都僅指汽車工程 (Automobile Engineering)。汽車工程它融合了機械、電機、電子、資訊和安全工程各種專業，應用於摩托車、汽車和卡車的設計、製造與操作以及其相應的工程系統。汽車工程除了車輛的改裝之外，還包含了汽車零件製造和組裝。汽車工程的研究涉及數學模型和公式的應用，也包含車輛或車輛零件從概念階段到生產階段的設計、開發、製造和測試。

圖 15-1　太空梭

圖 15-2　船舶

圖 15-3 高速鐵路

圖 15-4 摩托車、汽車和卡車

汽車就是指具有動力驅動本體前進,不須依軌道或電纜,得以行駛的車輛。只要具有兩輪或以上以原動機 (Motor) 驅動之車輛,便可稱其為汽車;狹義來說,僅指三或四輪以上,以熱機驅動之車輛為汽車。1769 年尼古拉·約瑟夫·居紐 (Nicolas-Joseph Cugnot) 製造了第一輛全尺寸蒸汽機驅動的三輪汽車,圖 15-5 為尼古拉·約瑟夫·居紐於 1771 年所製造的汽車。

圖 15-5 約瑟夫·居紐於 1771 年製造的汽車

　　而 1886 年則被視爲汽車誕生的年份，因爲當年卡爾·賓士 (Karl Benz)，爲他的奔馳專利汽車申請了專利，圖 15-6 則爲其申請專利之原型汽車。卡爾·賓士是賓士汽車的創始人，也是德國機械工程師、發明家和企業家，他在 1885 年設計和發明了由單缸內燃機推動的三輪車，是全球第一輛內燃機汽車，所以他被視爲現代化汽車之父。另外值得一提的是戈特利布·戴姆勒 (Gottlieb Daimler)，他在 1885 年設計出內燃機，並造出戴姆勒摩托車，並製造出了第一輛四輪汽車。1906 年賓士和他的兩個兒子在拉登堡成立了賓士父子公司，賓士汽車成爲世界著名品牌，1926 年賓士公司和戴姆勒汽車公司合併。二十世紀初期，汽車變得廣泛可用，但是 1908 年福特汽車公司製造的 T 型車是大眾有能力負擔的第一批汽車，使得汽車在美國迅速地被採用，取代了畜力車和手推車，在歐洲和世界其他地區，對汽車的需求直到二戰之後才增加。

圖 15-6　卡爾·賓士獲得專利的原型汽車

　　由汽車狹義的定義而言，如果不是以熱機所驅動的車輛，就不是汽車，電動車 (Electric Vehicle, EV) 就不歸類於汽車。因爲電動車是指使用電能作爲動力，通過馬達 (電動機) 驅動行駛的車輛，車內設有可循環充電式電池，只需接駁外置電源即可重新充電，十分方便易用。隨著電池技術的開發以及汽車領域成熟的技術發展，使得電力能夠替代汽油，成爲汽車主要的動力源，依照汽車動力的供應方式來分類，電動車又可細分爲

純電動車 (Battery Electric Vehicle, BEV)、油電混合動力車 (Hybrid Electric Vehicle, HEV)、插電式混合動力車 (Plug-in Hybrid Electric Vehicle, PHEV) 和燃料電池電動車 (Fuel Cell Electric Vehicle, FCEV)。純電動汽車是完全以電池做為動力來源，所以沒有油箱、排氣系統和進氣系統等，優點是不會排放廢氣，被稱為「零排放」(Zero-Emission) 汽車，著名的品牌為 Tesla。

圖 15-7　電動車示意圖

　　混合動力車通常是指使用燃油的內燃機和使用電力的電動馬達兩種動力源的汽車，但是它無法透過電網充電，僅能仰賴引擎發電以及煞車動能回收轉換為電能。在啟動與中低速駕駛時使用電池的電力，上坡或全速行駛時則加入引擎動力以提供其加速性能，提供額外的省油效能，著名車款為 Toyota Prius。插電式混合動力車的特徵在於其充電電池除了可由車輛上的內燃機所驅動的發電機充電外，也可以使用外部電源充電。燃料電池電動車則是使用氫或含氫物質 (如甲醇、乙醇) 和空氣中的氧氣透過燃料電池以產生電力，再以此電力驅動馬達帶動載具的汽車。

圖 15-8　油電混合車構造示意圖

　　目前國家考試針對汽車工程技術專業考科為：汽車動力機、汽車設計、汽車性能測試與檢驗、汽車底盤 (Chasis)、汽車動力學 (包括應用力學及機動學) 和汽車電機學。汽車動力機主要內容包含汽柴油引擎原理與控制以及熱力學基本原理的專業知識；而汽車設計則為車體結構設計與分析，這部分的內容與機械元件設計、構造和原理內容相近，另外還包含了零件製造與流程；汽車性能測試與檢驗則是針對汽機車定期檢驗流程方法的操作與原理的專業知識；汽車底盤則是針對所有車輛底盤各部分的專業知識，底盤是由傳動系統 (Transmission)、轉向系統 (Steering)、懸吊系統 (Suspension) 和煞車系統 (Brake) 四個部分所組成，包括變速箱 (Gearbox)、差速器 (Differential) 以及傳動軸 (Drive Shaft) 等元件；汽車動力學則和機械工程的靜力學、動力學及機構學有關；最後汽車電機學則包括了啟動馬達、發電機與汽車電系等的基本電學專業知識。

問題與討論 ?!

1. 試問目前國家考試針對汽車工程技術專業考科有哪些？ (兩項即可)
2. 汽車底盤是由哪些系統所組成？
3. 何謂「零排放」汽車？
4. 試問電動車可分為哪些種類？
5. 國考科目「汽車動力機」主要討論的內容為何種專業知識？

專業英文詞彙

A

(Aerospace Engineering)	航空太空工程
(Automobile Engineering)	汽車工程

B

(Battery Electric Vehicle)	純電動車
(Brake)	煞車系統

C

(Chasis)	汽車底盤

D

(Differential)	差速器
(Drive Shaft)	傳動軸

E

(Electric Vehicle)	電動車

F

(Fuel Cell Electric Vehicle, FCEV)	燃料電池電動車

G

(Gearbox)	變速箱

H

(Hybrid Electric Vehicle)	油電混合動力車

M

(Motor)	原動機

N

(Naval Architecture)	造船工程

P

(Plug-in Hybrid Electric Vehicle)	插電式混合動力車

R

(Rail Engineering)	軌道工程

S

(Space Shuttle)	太空梭
(Steering)	轉向系統
(Suspension)	懸吊系統

T

(Transmission)	傳動系統

V

(Vehicle Engineering)	車輛工程

Z

(Zero-Emission)	零排放

16

積層製造
Additive Manufacturing, AM

⚙️ 積層製造 (Additive Manufacturing, AM)

就是一般所謂的 3D 列印，它是一種數位化加法製造的方法，傳統的製造則是運用去除材料的過程 (減法製造) 來進行加工。積層製造是根據 CAD 模型，將三維的物體進行二維分層離散化，再以此離散資料分層製造堆疊而成三維的物件。3D 列印的術語是指在電腦控制下，利用沉積 (Deposit)、連接 (Join) 或固化 (Solidification) 的方式，將材料 (例如塑膠、液體或粉末顆粒) 添加在一起逐層融合，以創建三維物體的各種過程。隨著多種積層方法以及新材料的導入，其應用愈趨於廣泛。積層製造的專有名詞除了 3D 列印之外，也包含了快速原型 (Rapid Prototyping)、直接數位製造 (Direct Digital Manufacturing)，分層製造 (Layer Manufacturing) 與增材製造 (Additive Fabrication)。

圖 16-1　所示物品為 3D 列印件

由於傳統製造通常以減法的方式，所以製作的成本會隨著加工零件的複雜度提高而升高。對於零件中具有複雜外型、網格形狀或者是內部孔道等設計，傳統製造方法無法一次加工完成，需要拆解成多個零件，分別加工後再進行組裝，使得製造工時冗長，且結構設計強度和功能都受到影響。

3D 列印的主要優勢之一是能夠產生非常複雜的幾何形狀，否則這些幾何形狀是無法以手工構建的，包括空心的零件或是為減輕重量具有內部桁架結構的零件。

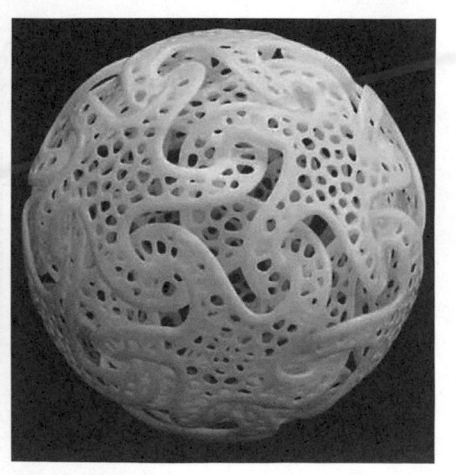

圖 16-2　3D 列印物件

積層製造與傳統製造的相同點是需要使用 3D 繪圖軟體建立模型，再使用機器和零件材料來進行製作。在完成 3D 草圖之後，積層製造設備 (3D 列印機) 就會從 3D 物件檔案讀取數據，並以疊層的方式鋪放或添加連續的液體、粉末、片狀材料或其他形式的材料，來製造 3D 列印的物件。這樣的方式改變了傳統的思維，且不受元件複雜度的影響。再加上數位化製造技術趨於成熟，使得數位製造的方式成為可能。另外，積層製造所使用的材料多樣，其中包括塑膠、陶瓷、金屬及複合材料等，同時材料形式可為細線、棒、粉末、片狀等，再搭配黏著劑或雷射等不同材料結合的製程，可依據應用產業之不同需求，予以搭配運用。

　　然而積層製造的製程之間的主要區別，在於製作物件的積層方式與所使用的材料。目前常使用積層製造的方式有：光固化技術 (Stereolithography , SLA)、雷射粉末燒結技術 (Selective Laser Sintering, SLS) 與熱熔融層積技術 (Fused Deposition Modeling, FDM)。

🔧 光固化技術

　　利用雷射光、紫外光或是 LED 光來固化光敏聚合物樹脂 (當暴露於光線後會改變性能的聚合物) 逐層疊層的技術，如圖 16-3 所示。

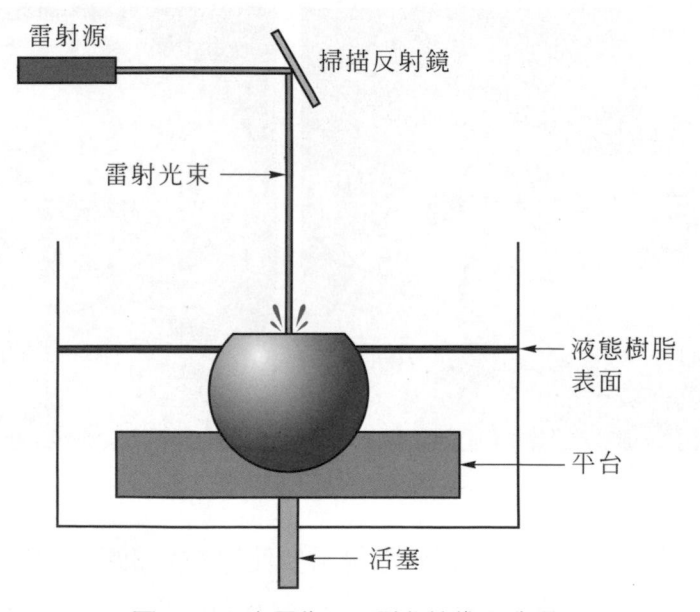

圖 16-3　光固化 3D 列印技術示意圖

圖 16-4　Frozen 光固化 3D 列印機

● 雷射粉末燒結技術

　　類似於光固化技術，是利用高功率雷射來熔化塑膠 (高分子)、金屬、陶瓷或玻璃材料的細小顆粒，但是與光固化技術不同，不需要支撐材料，因爲該結構由未燒結的材料支撐，如圖 16-5 所示。

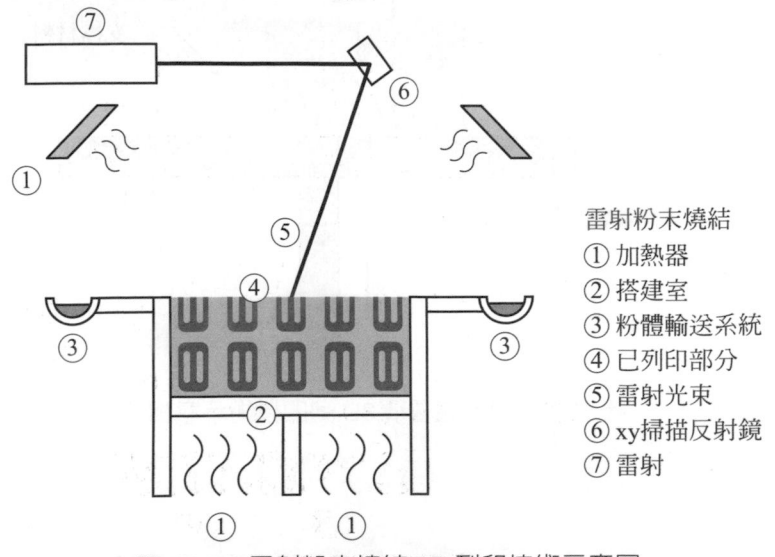

雷射粉末燒結
① 加熱器
② 搭建室
③ 粉體輸送系統
④ 已列印部分
⑤ 雷射光束
⑥ xy掃描反射鏡
⑦ 雷射

圖 16-5　雷射粉末燒結 3D 列印技術示意圖

　　熱熔融層積技術則是一種材料擠出的技術，又稱為熔絲成型技術 (Fused Filament Modeling, FFM) 或 熔 絲 製 造 技 術 (Fused Filament Fabrication, FFF)，使用熱塑性材料的連續長線，是 2020 年最常使用多見的 3D 列印技術。其過程包括使用噴嘴注入熱塑性材料 (聚合物在加熱後變為液體，冷卻後固化為固體的聚合物) 在製造平台上。噴嘴依據每個特定層的橫截面圖案，並在施加下一層之前先將熱塑性材料硬化，如圖 16-6 所示。重複該過程，物件製作完成，是目前最常見的 3D 列印技術。一般來說，光固化技術所列印之成品機械強度差且體積較小，而雷射粉末燒結技術常受環境影響及機台設備較大。

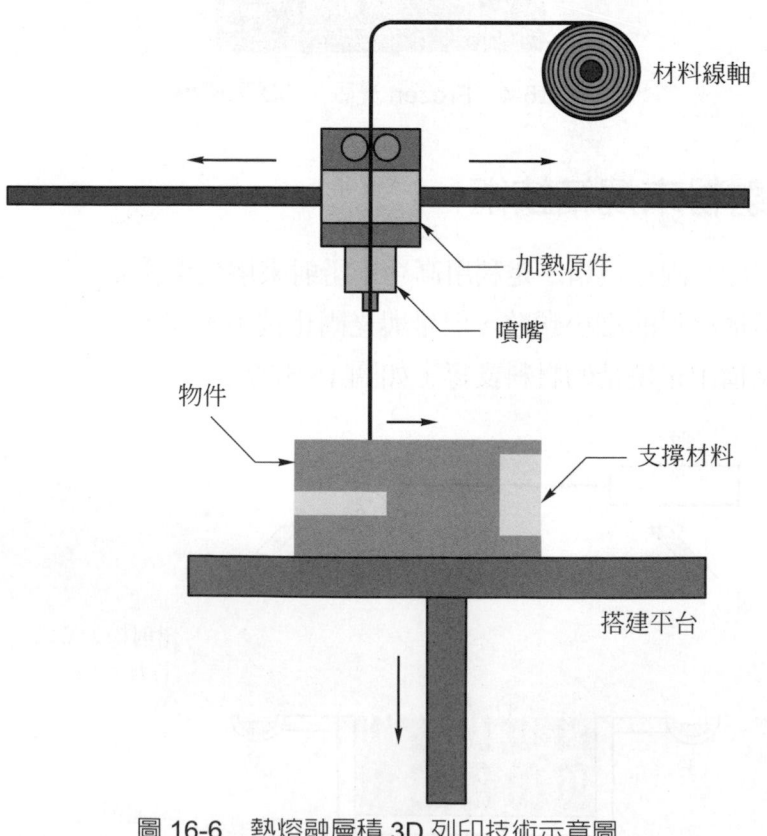

圖 16-6　熱熔融層積 3D 列印技術示意圖

　　目前 FDM 型的 3D 列印機台依據入料與出料的形式來分類，則有一進一出 (圖 16-7(a))、二進一出 (圖 16-7(b))、二進二出 (圖 16-7(c)) 等類型。一般使用二進二出雙材料兩個獨立噴頭的 3D 列印機，可省去了列印時更換噴頭的時間，該噴頭係由擠出機與步進馬達組成，可以同時作業也可以獨立作業。

(a) 一進一出式3D列印機　　(b) 二進一出式3D列印機　　(c) 二進二出式3D列印機
圖 16-7

　　市面上常見之 3D 列印機之結構可分為龍門型 (圖 16-7)、三角型 (圖 16-8(a))、十字軸型 (圖 16-8(b))、H-bot(圖 16-8(c)) 與 Core XY(圖 16-8(d)) 等型式，因其結構的不同在空間使用率、穩定度上有不同的優缺。龍門型 3D 列印在空間上利用率雖然高，但是在列印較大之物件時容易搖晃並且造成列印失敗，也因為加熱頭背負馬達的重量整體重慣性大，對移動速度及控制較為不利；而十字軸 3D 列印機雖然穩定度高，但因平台的移動以及機械設計架構下，使空間利用率降低；而三角型 3D 列印機結構簡單，列印曲面效果好、列印速度快，適應狹小空間，空間利用率較低。

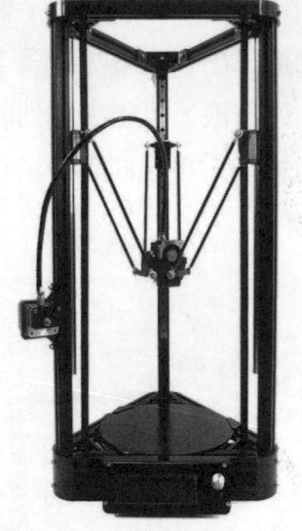

(a) 三角型3D列印機

(b) 十字軸型3D列印機

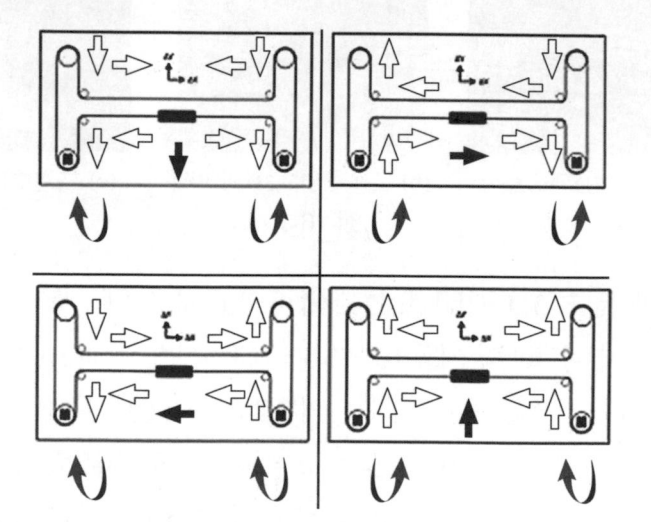

(c) H-bot3D列印機

圖 16-8　各式 3D 列印機

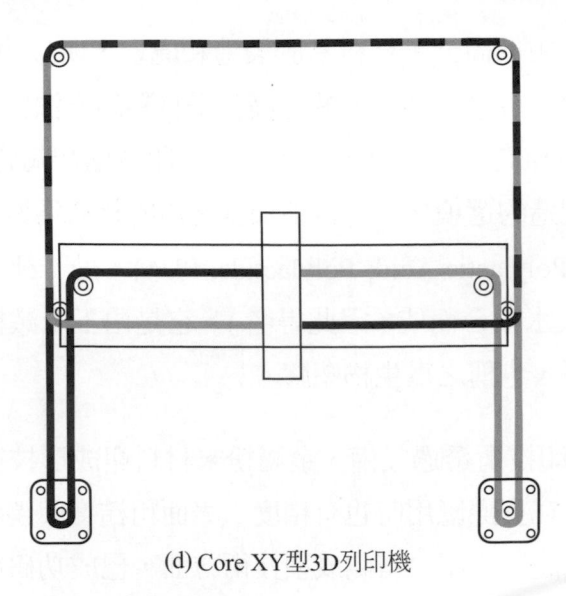

(d) Core XY型3D列印機

圖 16-8　各式列印機 (續)

　　3D 列印的流程主要包含三個部分：建模 (3D Modeling)、切片 (Slicing) 和列印 (Printing)。首先在建模部分可使用 CAD 軟體或是 3D 掃描儀 (Scanner) 來創建 3D 可列印模型，經常儲存為 STL 文件格式；然後再使用切片軟體將模型 STL 檔轉換為一系列的薄層 (Layer)，並產生 G 碼 (G-code) 檔案，檔案中包含了針對特定類型的 3D 列印機台量身定制的指令；最後所指定類型的 3D 列印機讀取 G 碼 (G-code) 檔案，並在列印過程中使用 G 碼檔案來操作 3D 列印機完成列印，如圖 16-9 所示。

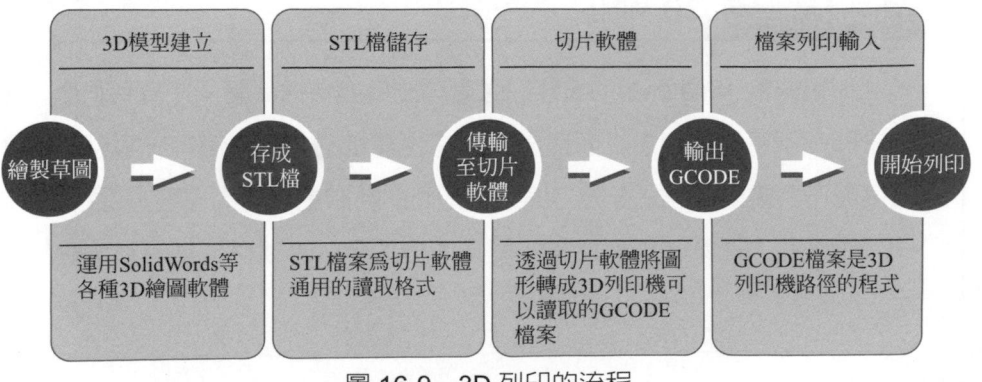

3D列印流程

3D模型建立	STL檔儲存	切片軟體	檔案列印輸入
繪製草圖	存成 STL檔	傳輸 至切片 軟體	輸出 GCODE	開始列印
運用SolidWords等 各種3D繪圖軟體	STL檔案為切片軟體 通用的讀取格式	透過切片軟體將圖 形轉成3D列印機可 以讀取的GCODE 檔案	GCODE檔案是3D 列印機路徑的程式

圖 16-9　3D 列印的流程

　　一般來說，由於高分子材料易於製造和處理，所以 3D 列印的重點著重於列印的高分子材料。但是，製造高分子材料的方法已經快速地發展，不僅可以列印各種高分子材料，而且可以列印金屬和陶瓷材料，使得 3D 列印成為多元製造的選項之一。目前最常使用的材料為聚乳酸，又稱聚乳酸或聚丙交酯 (Polylactic Acid; Polylactide, PLA)，是一種熱塑性聚酯，形式上是由乳酸失水縮合而成 (因此得名)。它是由玉米澱粉製成，所以是可再利用的資源，也稱之為生物塑膠。

　　金屬 3D 列印技術透過設備、金屬粉末材料與成形技術製造出零件製品，但成本高，在實際應用時也有精度、表面粗糙度與燒結製程緊密關聯的機械強度等問題需克服。有關成型技術方面，已成功研發出電子束及雷射成型的鋪粉式金屬 3D 列印技術。金屬 3D 列印技術的原料是金屬粉末，唯有符合規範的粉末才能應用於製程中。金屬 3D 列印所用的粉末大小介於 40~105 微米之間，累積至 50％體積百分比的粉末，大小須小於 80 微米，所有粉末的形狀須接近於球狀才能確保良好的流動性。

　　許多現有 3D 列印技術的缺點在於一次只能列印一種材料，從而限制了許多潛在的應用程序，這些應用程序要求將不同材料集成到同一物件上。多元材料 3D 列印可用來解決這樣的問題，它可使用單一列印機台來製造多元異質材料的物件。

知識大補帖　3D 列印

　　一般來說，3D 列印的零件在強度與結構的特性較差，在具有強度需求時，不易達到要求。而積層製造之金屬熔融成型溫度高，雖然其強度較符合需求，但是在應力與應變方面的控制處理更為重要。3D 列印技術在航太產業、車輛產業、模具業，甚至在生醫材料業等都能應用。

問題與討論 ?!

1. 積層製造的專有名詞除了 3D 列印之外，也包括了哪些專有名詞？
   （試列舉二項）

2. 試說明 3D 列印的流程。

3. 3D 列印技術最常使用的材料為何？

4. 試依據結構分類，列舉有那些型式的 3D 列印機。

5. 試寫出下列英文的中文名稱：(a)SLS　(b)FFF。

專業英文詞彙

A

(Additive Fabrication)	增材製造

D

(Deposit)	沉積
(Direct Digital Manufacturing)	直接數位製造

F

(Fused Deposition Modeling, FDM)	熱熔融層積技術
(Fused Filament Fabrication, FFF)	熔絲製造技術
(Fused Filament Modeling, FFM)	熔絲成型技術

G

(G-code)	G 碼

L

(Layer Manufacturing)	分層製造
(Layer)	薄層

M

(Modeling)	建模

P

(Polylactic Acid; Polylactide, PLA)	聚乳酸或聚丙交酯聚乳酸
(Printing)	列印

R

(Rapid Prototyping)	快速原型

S

(Scanner)	掃描儀
(Selective Laser Sintering, SLS)	雷射粉末燒結技術
(Slicing)	切片
(Solidification)	固化
(Stereolithography, SLA)	光固化技術

17

半導體製程
Semi-Conductor Process

　　隨著科技不斷地發展，人工智慧 (Artificial Intelligence) 與大數據分析 (Big Data)) 需要仰賴著物聯網 (Internet of Things, IOT) 中許多的數據與伺服器儲存的數據。除此之外還有感測元件、穿戴式裝置、自駕車與智慧家庭等等，支持這些科技發展的基礎即爲「半導體」(Semiconductor)。

　　什麼是半導體呢？半導體就是一種導電性介於導體 (金屬材料) 和絕緣體 (陶瓷材料) 之間的物質，其中包括矽 (Silicon) 和鍺 (Germanium)，所以半導體材料的導電率值會介於導體和絕緣體之間。隨著溫度的上升，半導體的導電率也會上升。而金屬材料則相反。

　　在介紹半導體製程技術之前，我們要先介紹電晶體 (Transistor)，其電子符號與樣式則如圖 17-1 所示。

圖 17-1　電晶體的電子符號與樣式

　　電晶體是應用於放大或切換電子信號和電功率的電子零件，因爲電晶體的輸出功率可以大於控制輸入功率，所以可以用來放大電子信號。使用半導體材料來做成電子元件的目的則是藉由注入雜質，可以精準地控制半導體的導電性，因爲矽擁有較大的能隙 (Energy Gap)，可以有較大雜質摻雜的範圍，所以可以用來製作重要的半導體元件。

　　半導體元件具有單向容易通電，可變電阻以及對光或熱的敏感性之特性，因爲可以通過摻雜，或通過施加電場，或光來變化半導體材料的電特性，使得半導體材料製成的電子元件可應用在放大，開關與能量轉換。

半導體製程是用於製造半導體零件的過程，也就是一般所稱的晶圓 (Wafer) 加工，這些半導體零件通常使用於電機或電子零件中的積體電路晶片 (例如電腦處理器、微控制器) 之中。它是一系列光刻和化學處理步驟 (例如表面鈍化、熱氧化、平面擴散和結隔離) 的多製程序列，將電子電路在純半導體材料製成的晶片上形成。矽是最常用的半導體材料，其他還有各種複合半導體材料。整個製造過程，從開始到準備發貨的封裝芯片，需要六到八週的時間，並在高度專業化的半導體製造廠 (也稱為代工廠或晶圓廠) 內完成，所有的製造都在無塵室中進行。先進製造設施的生產是完全自動化的，並在密封的氮氣環境中進行，以提高產量。

 知識大補帖　積體電路

　　而所謂的積體電路 (Integrated Circuit, IC) 是資訊產品當中最重要，也是最基本的元件，它將電晶體、二極體 (Diode)、電阻 (Resistor) 及電容 (Capacitor) 等電路元件，聚集在矽晶片 (Chip) 上，形成完整的邏輯電路，以達到控制、計算或記憶等功能。

典型的晶圓是由極純的矽所製成，長成直徑達 300mm 的單晶圓柱錠，然後將這些錠切成約 0.75mm 厚的晶片，並拋光以獲得非常規則和平坦的表面。因此其製程包含了長晶 (Crystal Growth，把矽原料長成圓柱形的矽晶棒)、切片 (Slicing)、研磨 (Lapping) 與蝕刻 (Etching)。

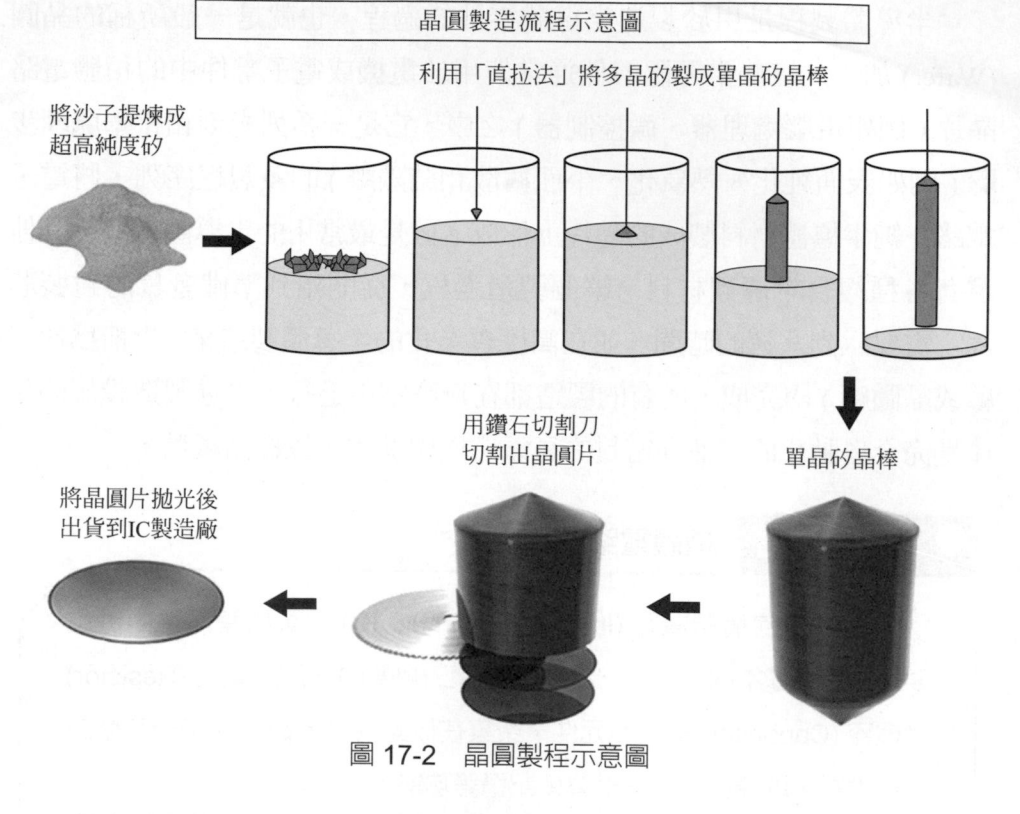

圖 17-2　晶圓製程示意圖

　　在半導體製程中，各種處理步驟分為四大類：沉積 (Deposition)、去除 (Removal)、圖案化 (Patterning) 和電性修飾 (Modification of Electrical Properties)。茲分別說明如後：

1. 沉積是長出、塗覆或以其他方式將材料轉移到晶圓上的任何過程。相關的技術包括物理氣相沉積 (Physical Vapor Deposition, PVD)、化學氣相沉積 (Chemical Vapor Deposition, CVD)、電化學沉積 (Electrochemical Deposition, ECD)、分子束外延 (Molecular Beam Epitaxy, MBE) 以及原子層沉積 (Atomic Layer Deposition, ALD) 等。沉積可以理解為藉由過熱氧化或矽部分氧化 (Local Oxidation of Silicon, LOCOS) 方式加入氧化層。

2. 去除是從晶圓上去除材料的任何過程，例如蝕刻製程 (Etch Process) 和化學機械平坦製程 (Chemical-Mechanical Planarization, CMP)。蝕刻是去除薄膜或是基板的某些部分。當薄膜或基板暴露於蝕刻物質 (酸或等離子體) 時，蝕刻物質則會針對薄膜或基板進行化學或物理侵蝕，直至其被移除。蝕刻技術包括：乾式蝕刻，例如反應離子蝕刻 (RIE) 或深反應離子蝕刻 (DRIE)；與濕式蝕刻或稱為化學蝕刻。

3. 圖案化技術是將沉積材料進行成形或改變的過程，通常稱為微影製程 (Lithography)。例如，在傳統的微影製程技術中，晶片上塗有一種稱為光阻 (Photo Resist) 的化學物質；然後，一台稱為步進器 (Stepper) 的機器可對光罩進行聚焦 (Focus)、對齊 (Aline) 和移動 (Move) 的動作。再將晶圓的選定部分暴露在短波長的光線之下，曝光區域的部分被顯影液沖走，希望將薄膜或基板形成不同特徵的圖案或在某些層中形成開口 (或通孔)。這些特徵都是在微米或奈米的範圍，所以定義為微加工 (Microfabrication)。圖案化技術通常使用光罩 (Mask) 來設定薄膜或基板被移除的部分。

4 電性改質通常稱為電晶體源極和漏極的摻雜 (Doping)，這些摻雜的方式是在退火 (Annealing) 之後進行；退火的過程在於激發摻雜劑 (Dopant) 的活性。改質通常是藉由氧化的方式來實現，來產生半導體絕緣部分的連接點，例如在矽局部氧化 (LOCOS) 製程所產生的金屬氧化物場效電晶體 (Metal Oxide Field Effect Transistors)。

　　基本晶圓處理步驟通常是晶圓先經過適當的清洗 (Cleaning) 之後，送到熱爐管 (Furnace) 內，在含氧的環境中，以加熱氧化 (Oxidation) 的方式在晶圓的表面形成一層厚約數百個 Å 的二氧化矽，緊接著以化學氣相沈積的方式，將厚約 1000Å 到 2000Å 的氮化矽層沈積在剛剛長成的二氧化矽上，然後整個晶圓進行微影的製程。

先在晶圓上塗上一層光阻，再將光罩上的圖案移轉到光阻上面。接著利用蝕刻技術，去除部份未被光阻保護的氮化矽層，剩下的部分就是所需要的線路圖。接著以磷為離子源，將磷原子植入 (Implantation) 於整片的晶圓，然後再去除光阻劑 (Photo Resist Scrip)。

圖 17-3　晶圓

至此，已依光罩所提供的設計圖案，依次的在晶圓上完成積體電路所需的電晶體及部份的字元線 (Word Lines)。接著進行金屬化製程 (Metallization)，製作金屬導線，以便將各個電晶體與元件加以連接，而在每一道步驟加工完後，都必須進行一些電性或物理特性的量測，以檢驗 (Inspection and Measurement) 加工結果是否符合規範；如此重複步驟製作第一層、第二層 ... 的電路，得以於晶圓上製造電晶體等其他電子元件；最後所加工完成的產品，則會送到電性測試區進行電性量測。

問題與討論 ?!

1. 什麼是半導體？試舉例說明？
2. 電晶體的功用有哪些？
3. 試問在半導體製程中，各種處理步驟可分為哪四大類？
4. 試問晶圓的製程包含了哪些過程？
5. 何謂沉積？其英文為何？又有哪些方式 (試寫出兩種即可) ？

專業英文詞彙

A

(Annealing)	退火
(Artificial Intelligence)	人工智慧
(Atomic Layer Deposition, ALD)	原子層沉積

B

(Big Data)	大數據分析

C

(Capacitor)	電容器
(Chemical Vapor Deposition, CVD)	化學氣相沉積
(Chemical-Mechanical Planarization, CMP)	化學機械平坦製程
(Chip)	矽晶片
(Crystal Growth)	長晶

D

(Deposition)	沉積
(Diode)	二極體
(Dopant)	摻雜劑
(Doping)	摻雜

E

(Electrochemical Deposition, ECD)	電化學沉積
(Energy Gap)	能隙
(Etch Process)	製程
(Etching)	蝕刻

F

(Focus)	聚焦

G

(Germanium)	鍺

I

(Implantation)	原子植入
(Integrated Circuit, IC)	積體電路
(Internet Of Things, IOT)	物聯網

L

(Lapping)	研磨
(Lithography)	微影製程
(Local Oxidation of Silicon, LOCOS)	矽部分氧化

M

(Mask)	光罩
(Metal Oxide Field Effect Transistors)	氧化物場效電晶體
(Microfabrication)	微加工
(Modification of Electrical Properties)	電性修飾
(Molecular Beam Epitaxy, MBE)	分子束外延

P

(Patterning)	圖案化
(Photo Resist)	光阻
(Physical Vapor Deposition, PVD)	物理氣相沉積

R

(Removal)	去除
(Resistor)	電阻器

S

(Semiconductor)	半導體
(Silicon)	矽
(Slicing)	切片
(Stepper)	步進器

T

(Transistor)	電晶體

W

(Wafer)	晶圓

NOTE

18

光學工程與應用
Optical Engineering and Applications

光學 (Optics) 是物理學的一個分支，主要在研究光的行為和特性，包括光與物質之間的相互作用以及應用光來進行檢測的儀器製作。光學通常可用來描述可見光 (Visible Light)、紫外光 (Ultraviolet Light) 和紅外光 (Infrared Light) 的物理行為。因為光是一種電磁波，所以其他形式的電磁輻射，如 X 射線 (X-rays)、微波 (Microwaves) 和無線電波 (Radio Waves)，也表現出類似的特性。

光學與許多相關學科相關，並在各種工程技術和日常用品中都有實際的應用，包括透鏡、顯微鏡、雷射光、光纖、眼鏡和家電等等，所涵蓋的領域包含有各種工程領域、攝影和醫學 (特別是眼科和驗光)，甚至鈔票防偽的技術都是光學技術應用的延伸。

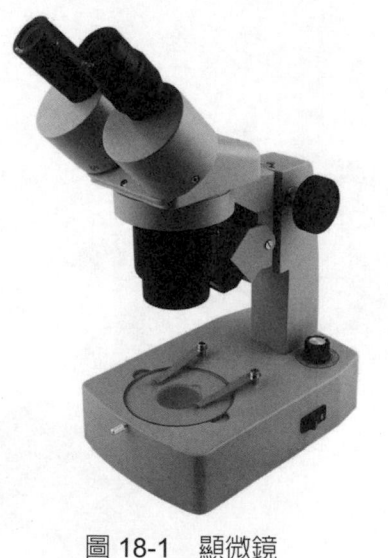

圖 18-1　顯微鏡

在機械工程領域裡，有許多應用光學原理的元件與系統來進行量測，例如以光學的原理量測加工面的表面粗糙度，尤其是在電子產品與半導體晶圓製造時對表面粗糙度的要求，因為會影響後續製程如潔淨度、附著性與方向性等，然而這些產品和晶圓的製程中可能造成表面粗糙度具有數十甚至數百奈米的差異，這樣的量測範圍與精度就需要利用白光干涉儀 (White Light Interferometer，WLI) 以及其他儀器來進行。

💡 **知識大補帖** 干涉

　　干涉 (Interference) 在物理學中，指的是兩列或兩列以上的波在空間中重疊時發生疊加，從而形成新波形的現象。

　　另外機械逆向工程常用的三維掃描儀，也是利用光學原理所製造出的儀器，它是用來偵測並分析現實世界中物體或環境的形狀 (幾何構造) 與外觀的資訊 (像是顏色、表面反射率等性質)。

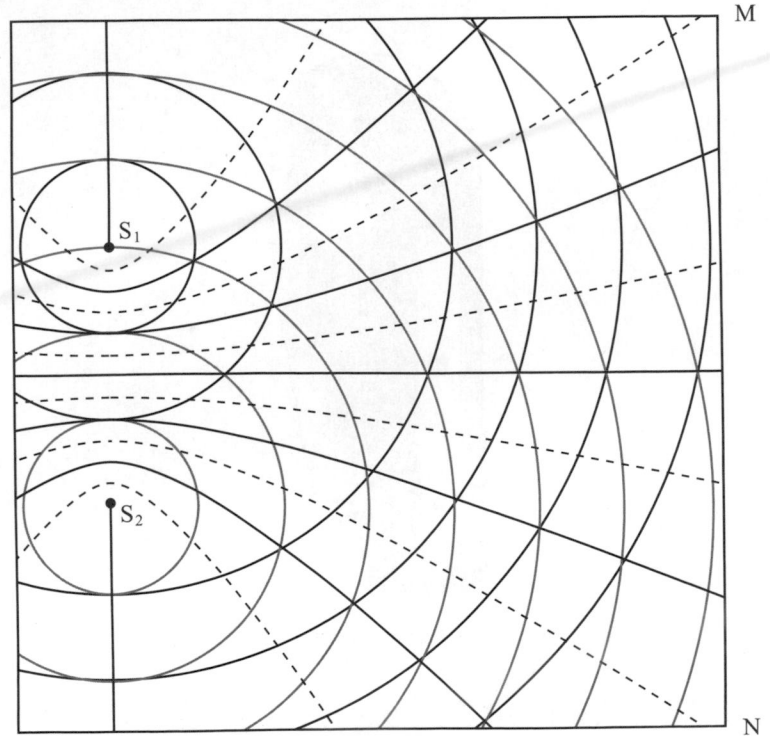

圖 18-2　兩點波源的波干涉示意圖，其中的 S_1 和 S_2 為兩同相的點波源

　　由儀器所量測出的資訊，則可用來進行三維模型的重建分析，在虛擬環境中建立實際物體的數位模型。這些量測的模型還可應用於瑕疵檢測、地貌測量、醫學資訊與刑事鑑定等。

　　雖然目前並無一體通用之重建技術，但是儀器與方法往往受限於物體的表面特性。例如光學技術不易處理閃亮 (高反照率)、鏡面或半透明的表面，而雷射技術不適用於脆弱或易變質的表面。工業電腦斷層掃描和結構光三維掃描儀可用於構建三維模型，而無須進行破壞性測試。三維掃描儀可以類比爲照相機，它們的視線範圍都呈現圓錐狀，對於資訊的收集都限定在一定的範圍之內。但是兩者不同的地方在於照相機所抓取的是顏色的資訊，而三維掃描儀測量的是距離的資訊。由於量測的結果含有深度的資訊，所以經常以深度影像 (Depth Image) 或距離影像 (Ranged Image) 稱之。

圖 18-3　XYZ Printing 公司之三維掃描儀

　　在以數位的方式獲得 3D 物體形狀有許多種的技術，大多數的感測器類型中，包括光學式 (Optical)、聲學式 (Acoustic)、雷射掃描式 (Laser Scanning)、雷達式 (Radar)、熱學式 (Thermal) 和震動式 (Seismic) 的感測器都適用於這些技術。

　　三維掃描儀較爲完善的分類有兩種類型：接觸式 (Contact) 和非接觸式 (Non-contact)；而非接觸式三維掃描儀可以進一步分爲兩大類，主動式 (Active) 和被動式 (Passive)。

接觸式三維掃描儀是藉由物理接觸的方式來探測物體，而經過研磨和拋光表面的物體則是接觸或是擱置在精密平坦的板面上。如果要掃描的物體不平坦或是不能穩定地放置在平坦的板面上時，則需藉由固定裝置將其支撐並穩定地固定。

非接觸主動式掃描儀則會發出某種輻射或光，並檢測其反射或穿過物體的輻射，以探測物體或環境，掃描儀可能使用的發射波類型包括光、雷射、超音波或是 X 射線。非接觸被動式 3D 掃描成像技術本身不發射任何類型的輻射，而是依賴於檢測環境輻射的反射，此類技術大多是檢測可見光，因爲可見光是一種現成的環境輻射。

其他類型的輻射，例如紅外線也可以用來當作環境輻射。被動式 3D 掃描儀可能非常便宜，因爲在大多數情況下，不需要特定的硬體，只需要簡單的數位相機即可。

圖 18-4   數位相機

常用的系統有立體鏡系統 (Stereoscopic System)、光度量測系統 (Photometric System) 與剪影技術 (Silhouette Technique)。立體鏡系統通常使用兩個稍微分開的攝影機來觀察同一個場景，藉由分析兩個攝影機所看到的圖像之間的細微差異，來確定圖像中每個點的距離；而光度量測系統通常使用單個相機，但是在不同的照明條件下拍攝多張圖像，這樣的技術嘗試以圖像形成模型反轉的方式，來恢復每個像素的表面方向。

知識大補帖 **剪影技術**

　　剪影技術則是使用一個 3D 物體一系列的照片來創建物體的輪廓，這些輪廓圍繞一個 3D 對象與對比鮮明的背景相映成趣。這些輪廓被擠壓和交叉以形成物體的視覺外殼近似。使用這些方法無法檢測到物體的某些凹面 (如碗的內部)。

　　在光學的另一個應用就是光感測器 (Photosensor)，也稱為光電探測器 (Photodetector)，是一種感測光或其他電磁輻射 (Electromagnetic Radiation) 能量的感測元件。現今有許多種類的光感測器，可以根據檢測機制 (例如光電效應 (Photoelectric Effect) 或光化學效應 (Photochemical Effect) 或各種性能指標，例如光譜響應 (Spectral Response)，進行分類。

　　光感測器通常是由一個發光元件 (Emitter) 和一個光接收元件 (Receiver) 所組成，發光元件將光線經由透鏡聚焦，傳輸至接收光元件之透鏡，再傳至感測器。感測器把接收到的光訊號轉變成電子訊號，控制器則使用此電子訊號進行各種不同的開關及控制動作。換句話說，光感測器的基本原理，即為運用發光元件和接收光元件之間的光變化所得出的訊號，以完成各種自動化的控制。

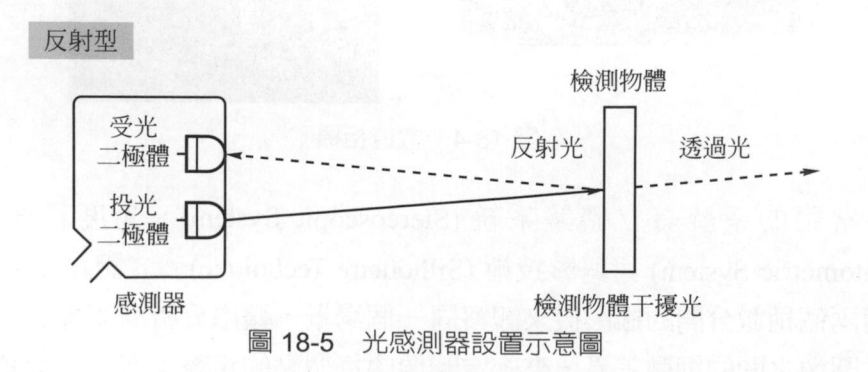

圖 18-5　光感測器設置示意圖

感測器由發光元件射出光線，再經反射由接收光元件探知光子的資訊，稱爲主動式光感測，如圖 18-5 所示。若是只有接收光元件直接測量外在的光能量，則是被動式光感測。

目前一個非常熱門，跟光學有關的主題就是自動光學檢測 (Automatic Optical Inspection, AOI)，它是一種利用機器視覺 (Machine Vision, MV) 做爲自動檢測的技術，來改良以人力使用光學儀器進行檢測的缺點。機器視覺是爲自動檢測 (Automatic Inspection)、過程控制 (Process Control) 和機器人引導 (Robot Guidance) 等應用，提供基於成像的自動檢測和分析的技術和方法，通常使用在工業製程之中。

由於它是一種非接觸式測試方法，以攝影機自動掃描被測物品是否存在缺陷，因此在製程中經常使用。機器視覺可以視爲一門系統工程的專業學科，與電腦視覺 (Computer Vision) 不同，它試圖以新的方式整合現有技術並將其應用於解決現實世界的問題，例如車輛引導。機器視覺在操作時，從成像 (Imaging) 開始，然後是圖像的自動分析和所需訊息的提取。

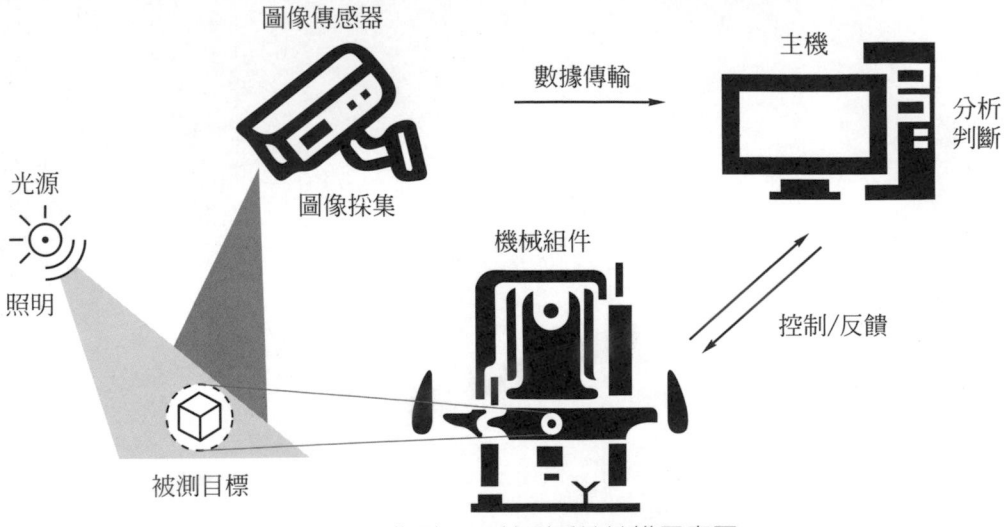

圖 18-6　典型 AOI 檢測系統結構示意圖

　　機器視覺的定義雖然不盡相同，但都包括使用從自動成像的影像中提取訊息的技術和方法，而不是影像處理 (Image Processing)，影像處理的輸出是另一幅圖像。而提取訊息可以是簡單的訊號，或者複雜的數據，例如影像中每個物體的名稱、位置和方向等。這些訊息可使用在工業中的自動檢測、機器人與製程引導、安全監控和車輛引導等應用。機器視覺專業包含大量的技術、軟硬體產品、整合系統、方法和專業知識。

問題與討論 ?!

1. 何謂干涉原理？其英文為何？
2. 三維掃描儀的類型有哪些？
3. 試說明光感測器的基本原理。
4. 何謂自動光學檢測？其英文為何？
5. 何謂機器視覺？其英文為何？

專業英文詞彙

A

(Acoustic)	聲學式
(Active)	主動式
(Automatic Inspection)	自動檢測
(Automatic Optical Inspection)	自動光學檢測

C

(Computer Vision)	電腦視覺
(Contact)	接觸式

D

(Depth Image)	深度影像

E

(Electromagnetic Radiation)	電磁輻射
(Emitter)	發光元件

I

(Image Processing)	影像處理
(Imaging)	成像
(Infrared Light)	紅外光
(Interference)	干涉

L

(Laser Scanning)	雷射掃描式

M

(Machine Vision)	機器視覺
(Microwaves)	微波

N

| (Non-Contact) | 非接觸式 |

O

| (Optical) | 光學式 |
| (Optics) | 光學 |

P

(Passive)	被動式
(Photochemical Effect)	光化學效應
(Photodetector)	光電探測器
(Photoelectric Effect)	光電效應
(Photometric System)	光度量測系統
(Photosensor)	光感測器
(Process Control)	過程控制

R

(Radar)	雷達式
(Radio Waves)	無線電波
(Ranged Image)	距離影像
(Receiver)	接收元件
(Robot Guidance)	機器人引導

S

(Seismic)	震動式
(Silhouette Technique)	剪影技術
(Spectral Response)	光譜響應
(Stereoscopic System)	立體鏡系統

T

(Thermal)	熱學式

U

(Ultraviolet Light)	紫外光

V

(Visible Light)	可見光

W

(White Light Interferometer)	白光干涉儀

X

(X-rays)	X 射線

NOTE

19

能源技術
Energy Technology

　　能源技術 (Energy Technology) 是一門跨學科的工程科學，其內容涉及到能源的效率、安全、環保和經濟上的轉換、運輸、儲存和使用，除了提高能源的使用效率，同時也要避免對人類、自然和環境的副作用。因爲能源的收集和使用可能對生態系統有害，也可能產生全球性後果，例如燃煤可造成全球暖化加劇。對人類來說，能源需求極大，並爲一種稀少的資源，也一直是政治衝突和戰爭的根本原因，例如伊拉克戰爭。

　　能源也是能量，也代表作功的能力，能量可以不同的形式存在，例如動能 (Kinetic Energy)、勢能 (Potential Energy)、機械能 (Mechanical Energy)、熱能 (Heat) 和光 (Light) 等。基本上能量源依照其來源可分爲兩種類型：

1. 可再生能源 (Renewable Energy)。包括了生質能 (Biomass Energy，例如乙醇)、水力發電 (Hydropower)、地熱能 (Geothermal Power)、風能 (Wind Energy 或 Wind Power) 和太陽能 (Solar Energy)
2. 不可再生能源 (Non-Renewable Energy)，這是基於能量來源的分類。包含有煤炭 (Coal)、天然氣 (Natural Gas)、石油 (Oil) 和核能 (Nuclear Energy)，因爲這些能源一旦用盡就無法替代，對人類而言是一個嚴重的問題，因爲目前人類依賴這些資源來滿足我們的大部分的能源需求。

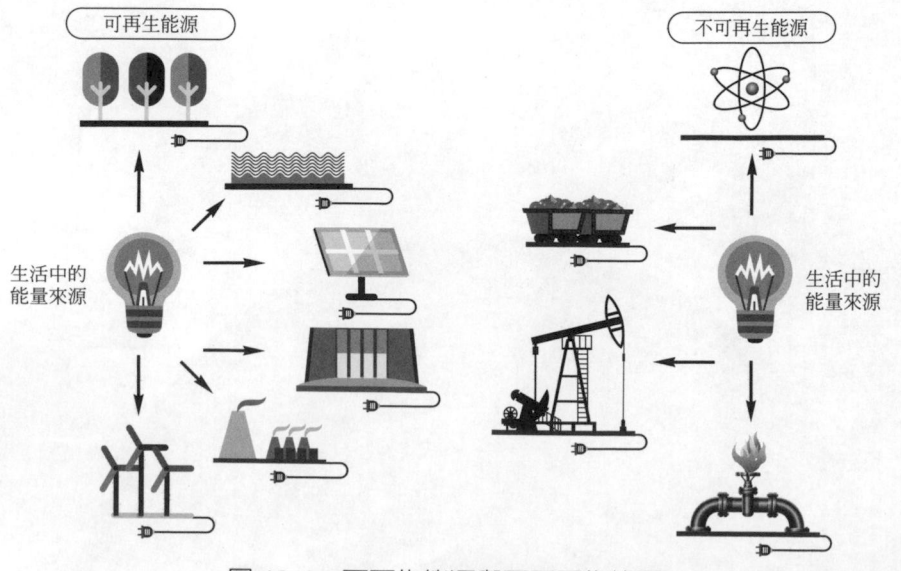

圖 19-1　可再生能源與不可再生能源

⚙ 生質能 (Biomass Energy)

　　指燃燒來自植物或動物的有機物質釋放的熱能，這些生物質包括木材、污水和乙醇 (來自玉米或其他植物)。生物質可以用作能源，因爲這種有機材料吸收了來自太陽的能量。反過來，這種能量在燃燒時以熱能的形式釋放。典型的範例就是垃圾焚化廠，焚化廠燃燒固體形式的廢棄物，其中包含家戶與事業性廢棄物，然後藉由燃燒的熱能經由類似火力發電廠設備的能量轉換過程來發電。當然，焚化廠的能源效率、空氣污染和操作安全等皆爲民眾關心的議題。

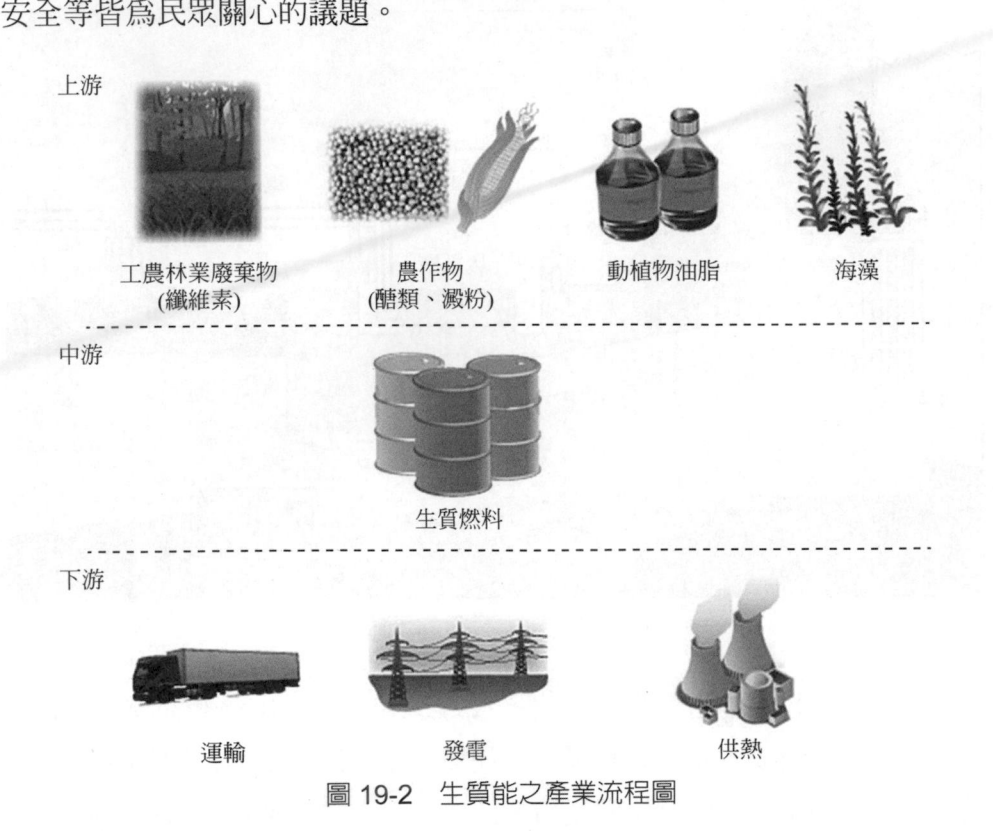

上游

工農林業廢棄物　　　　農作物　　　　　動植物油脂　　　　海藻
　(纖維素)　　　　(醣類、澱粉)

中游

生質燃料

下游

運輸　　　　　　發電　　　　　　供熱

圖 19-2　生質能之產業流程圖

　　另外像是農業生產過程中所衍生之廢棄物 (如稻草、玉米等)，大多爲自然環境中可分解之有機物質，若無法妥善處理而任意棄置或燃燒，都將對環境產生污染的情況。若能有效地轉換爲有用的能源，將有機物質成分供應生活或其他產業再利用，基於能源永續與節能減碳的目標，生質能利用對人類來說十分地重要。

⚙ 水力發電 (Hydropower)

　　水力是最古老的可利用能源之一，自幾千年前人類已經開始使用各種形式的水車，進行農田灌溉和各種機械裝置的操作，例如水力石磨等。對於水力發電的方式，則是將高水位的水流經過水輪機 (Water Turbine)，再流到低水位的河川內，水流帶動水輪機轉動產生機械能，再帶動發電機來發電。

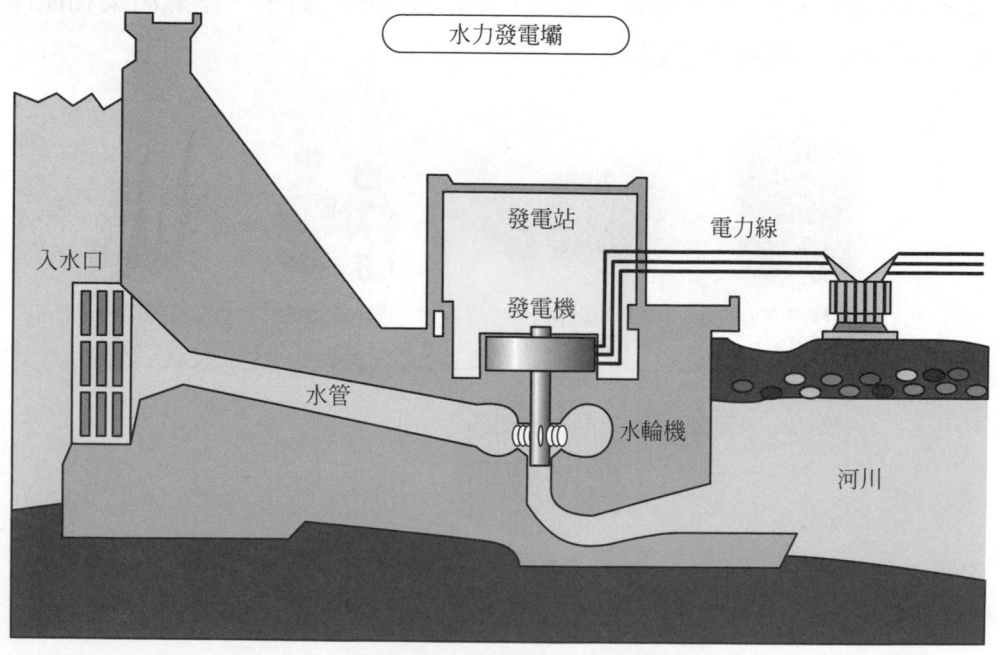

圖 19-3　水力發電的示意圖

　　水力發電和其他電力來源相比，水力發電在整個計畫生命週期內的維護、運營和燃料成本也相對較低。與任何主要能源一樣，高昂的前期成本是不可避免的，但水力發電的使用壽命較長，使得這些前期成本隨著使用壽命的延長而降低。此外，水力發電設施所使用的設備，通常可以運作較長的時間而無需更換或維修，從長遠來看可以節省資金。

知識大補帖　水力發電

　　水力發電的好處除了是一種潔淨且具成本效益的能源之外，還可以即時向電網供電，在重大停電或中斷期間可充當靈活可靠的備用電源。而其缺點則為破壞生態環境，而且受降雨及水量多寡影響發電，甚至枯水期時完全無法發電。最後就是建立水壩的期間很長，建造大壩費用非常高。

地熱能 (Geothermal Power)

　　是一種可再生、來自地球內部地核深處的熱能，因為地球內部會不斷地產生熱量。地熱這個名詞是來自希臘文 Geo(地球) 和 Therme(熱)，人們使用地熱來沐浴 (溫泉)、供暖和發電。但最近使用地熱能用於發電的技術變得越來越重要，將這些能量用於加熱和發電，可藉由鑽井將熱水或蒸汽泵送到發電廠來利用。然後將這些能量用於加熱和發電。

圖 19-4　地熱發電廠的示意圖

從地球深處抽取的流體中會攜帶著混合氣體，特別是二氧化碳、硫化氫、甲烷和氨。如果釋放出這些污染物，則將導致全球變暖、酸雨和有毒的氣體。除了溶解的氣體外，來自地熱源的熱水在溶液中可能含有微量的有毒元素，如汞、砷、硼和銻。這些化學物質隨著水的冷卻而沉澱，如果釋放出來，可能會造成環境的破壞。目前將冷卻的地熱流體回注地球的發電方式，具有降低環境風險的好處。

⚙ 風能 (Wind Energy 或 Wind Power)

風能是利用風通過風力渦輪機 (Wind Turbine)，風推動渦輪機的葉片來提供機械動力，帶動發電機發電，這些電力可以供電，甚至儲存在電網中。風能是一種受歡迎、可持續的再生能源，與燃燒化石燃料相比，對環境的影響要小得多。

風電場 (Wind Farm) 由許多單獨的風力渦輪機組成，這些風力渦輪機都連接到電力的傳輸網絡之中，一個大型風電場可能由分佈在一個區域內的數百個單獨的風力渦輪機組成。

陸上風電 (Onshore Wind) 是一種廉價的電力來源，可與煤或天然氣發電廠競爭。但是陸上風電場 (Onshore Wind Farm) 對景觀的視覺衝擊較大，因為佔地甚廣，並且需要建在偏遠地區，並會導致「鄉村工業化」與喪失棲息地的問題。海面上的風比陸地上更為穩定也更強，同時離岸風場 (Offshore Wind Farm) 的視覺影響較小，但建設和維護成本明顯較高。

風力發電是一種間歇性的能源，無法依照需求來進行調度。因此，它必須與其他電源一起使用才能提供可靠的供電。幾乎所有的大型風力渦輪機都有相同的設計 - 水平軸風力渦輪機，上面有 3 個葉片的迎風葉片，連接到一個高大的管狀塔頂部的機艙。

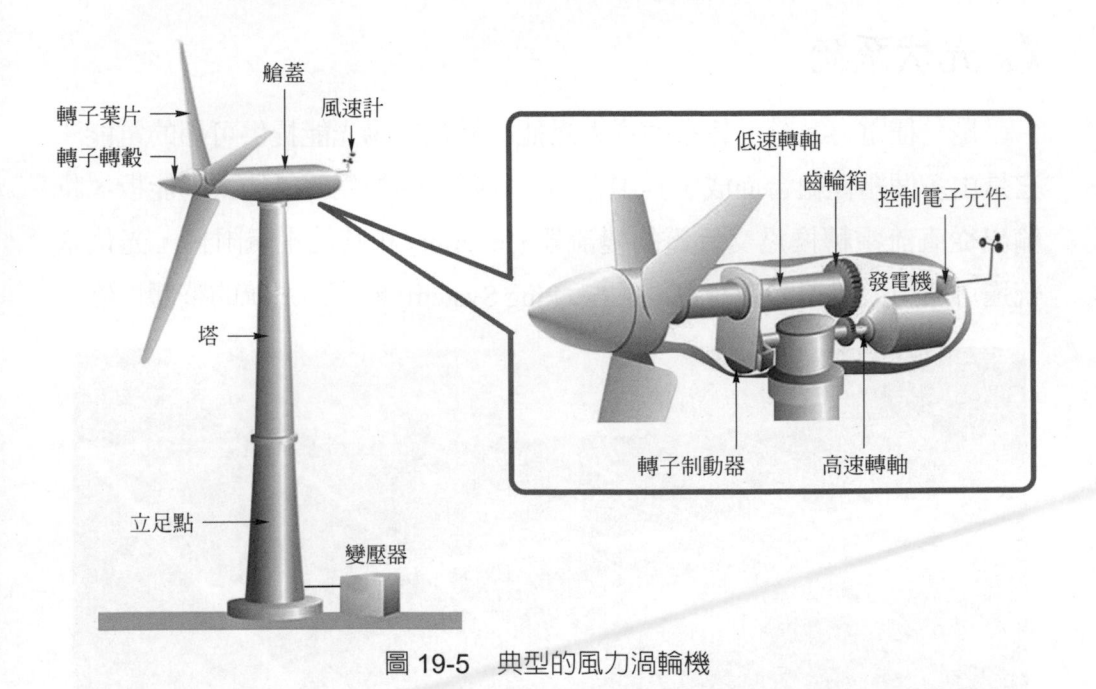

圖 19-5 典型的風力渦輪機

⚙ 太陽能 (Solar Energy)

　　是來自太陽的輻射光和熱，它使用一系列技術進行利用，例如太陽光能發電和太陽熱能 (包括太陽能熱水器)。太陽能是可再生能源的重要來源，太陽能技術根據獲得和分配太陽能的方式，或是轉換為太陽能的方式，分為主動式太陽能技術與被動式太陽能技術。主動式太陽能技術包括使用光伏系統 (也就是太陽能發電系統，Photovoltaic System)、聚熱式太陽能發電系統 (Concentrated Solar Power, CSP) 和太陽能熱水來利用能量。被動式太陽能技術包括將建築物朝向太陽、選擇儲熱佳或光分散特性的材料，以及設計空氣自然對流的空間。

光伏系統

　　是一種電力系統，旨在通過太陽能板轉換太陽光能提供可用的電能。它是由多個組件組合而成，其中包括將太陽光轉換爲電能的太陽能板、將輸出從直流電轉換爲交流電的變流器 (Inverter) 和其他電氣附件，光伏系統還可使用太陽追蹤系統 (Solar Tracking System) 來提高系統的整體性能。

圖 19-6　太陽能發電系統

💡 知識大補帖　光伏系統

　　由於光伏系統將光直接轉換爲電能，因此不要將它們與其他太陽能技術混淆，例如用於加熱和冷卻的聚光太陽能或太陽能熱。影響獲得太陽能多寡的因素包括地理位置、時間變化、雲量和人類可用的土地等，例如靠近赤道的地區具有更高的太陽輻射量，然而，使用可以跟隨太陽位置的光伏發電可以顯著增加遠離赤道的地區的太陽能；在夜間，地球表面幾乎沒有太陽輻射可供太陽能電池板吸收；最後，雲層會阻擋來自太陽的入射光並減少太陽能板可用的光。

聚熱式太陽能發電系統則是使用鏡子或透鏡，將大面積的陽光聚集到接收器上，來產生太陽熱能，從而驅動連接到發電機的蒸汽渦輪機 (Steam Turbine) 即可產生電能，或是為熱化學反應提供能量。

圖 19-7　聚熱式太陽能發電廠

聚熱式太陽能發電系統與燃燒煤、天然氣和地熱等火力發電廠有許多相似的地方，聚熱式太陽能發電系統可以結合熱能儲存，以顯熱 (Sensible Heat) 或潛熱 (Latent Heat) 的形式儲存能量 (例如使用熔鹽)，使得這些發電廠能夠在需要時繼續發電，無論白天還是黑夜，這使得聚熱式太陽能發電成為一種可以調度的太陽能。一般來說，聚熱式太陽能發電系統通常會與光伏系統進行比較，因為它們都使用太陽能。

近年來，由於太陽能板的價格下跌，光伏系統經歷了巨大的增長，但是由於聚熱式太陽能發電系統的技術困難和價格高昂，使得聚熱式太陽能發電系統增長緩慢。

知識大補帖 **聚熱式太陽能發電系統**

　　雖然聚熱式太陽能發電系統佔全球太陽能發電廠裝機率低，但是聚熱式太陽能發電系統可以輕鬆地在夜間儲存能量，使得聚熱式太陽能發電系統比可調度發電機和基礎負載發電廠更具競爭力。

問題與討論 ?!

1. 試說明何謂再生能源？並寫出其英文。
2. 試簡述太陽能技術的形式有哪兩種？
3. 試列舉二項不可再生能源。
4. 試簡述聚熱式太陽能發電系統的原理。
5. 試簡單說明水力發電的原理。
6. 試列舉二項可再生能源。

專業英文詞彙

B

| (Biomass Energy) | 生質能 |

C

| (Concentrated Solar Power) | 聚熱式太陽能發電系統 |

E

| (Energy Technology) | 能源技術 |

G

| (Geothermal Power) | 地熱能 |

H

| (Hydropower) | 水力發電 |

I

| (Inverter) | 變流器 |

K

| (Kinetic Energy) | 動能 |

L

| (Latent Heat) | 潛熱 |

M

| (Mechanical Energy) | 機械能 |

N

| (Non-Renewable Energy) | 不可再生能源 |

O

| (Offshore Wind Farm) | 離岸風場 |
| (Onshore Wind Farm) | 陸上風電場 |

P

(Photovoltaic System)	光伏系統
(Potential Energy)	勢能

R

(Renewable Energy)	可再生能源

S

(Sensible Heat)	顯熱
(Solar Energy)	太陽能
(Solar Tracking System)	太陽追蹤系統
(Steam Turbine)	蒸汽渦輪機

W

(Water Turbine)	水輪機
(Wind Energy)	風能
(Wind Farm)	風電場
(Wind Turbine)	風力渦輪機

20

機械振動
Vibration

　　振動 (Vibration) 是在平衡點附近發生擺動的一種機械的現象，這種擺動可以是週期性的 (Periodic)，例如鐘擺的運動；也可以是隨機的，例如輪胎在碎石路上的運動。

圖 20-1　鐘擺時鐘

　　振動可能是必要的，例如，音叉的運動、木管樂器或口琴中的簧片或喇叭的震動等。然而，在許多情況下，振動是不受歡迎的，因為振動會浪費能量並且可能產生噪音 (Noise)。比如說，引擎、馬達或其他操作中的機械裝置，這些設備通常不希望產生振動的情況。這樣的振動可能產生的原因為旋轉零件的不平衡、不均勻的摩擦或是齒輪齒型的嚙合。

圖 20-2　馬達

知識大補帖　聲音與振動

聲音和振動的研究極為密切，聲音或壓力波就是由結構 (例如聲帶) 的振動所產生；這些壓力波還可以引起其他結構 (例如耳膜) 的振動。所以，降低噪音的方式通常與振動問題有關。

振動的型態可分為三類：自由振動 (Free Vibration)、強制振動 (Forced Vibration) 與阻尼振動 (Damped Vibration)。當機械系統以初始輸入啟動並允許自由振動時，就會發生自由振動。這種類型的振動實例就是把坐在鞦韆上的小朋友拉高之後放開，或者是敲擊音叉並讓它響起，這些物理現象就是自由振動。機械系統能夠以一個或多個自然頻率振動，並衰減到靜止狀態。

 知識大補帖　自然頻率

所謂的自然頻率 (Natural Frequency)，也稱為特徵頻率，是結構系統處於自由振動情況時 (即系統在沒有任何驅動力或阻尼力的情況)，單位時間內的往復次數。一個結構系統的自然頻率個數等於該系統的自由度總數，一般而言，最低的那個自然頻率最為重要，因此，這個自然頻率又稱基本頻率 (Fundamental Frequency)。

強制振動則是指對機械系統施加隨時間變化的擾動，這些擾動可以是負載、位移、速度或加速度。同時這些擾動可以是穩態 (Steady-state) 週期性的輸入、瞬間的 (Transient) 輸入或是隨機的 (Random) 輸入。週期性的輸入可以是和諧的 (Harmonic) 或是非和諧的擾動。這些類型振動的實例包括洗衣機由於不平衡而導致的振動、由引擎或不平坦道路所造成的振動或是建築物於地震期間的振動。

圖 20-3　引擎

　　當振動系統具有阻尼阻抗，系統的能量逐漸地由摩擦和其他阻力耗散時，此振動稱為阻尼振動。這種類型的振動，其振動頻率或強度逐漸降低，甚至停止，同時該系統處於其平衡位置，車輛的懸吊系統 (Suspension)即為這種類型的振動。彈簧 (Spring) 和避震器 (Shock Absorber) 則是懸吊系統中兩個主要的零件。彈簧支撐車重以及車上的負荷，並吸收道路的衝擊，將較大能量的單一衝擊變為小能量多次的衝擊，來緩和衝擊的作用；避震器也稱為阻尼器 (Damper)，是一種機械式或液壓式的裝置，用來吸收和控制或緩衝彈簧的動作，如果避震器故障，將無法控制彈簧的反彈，車輛遇到凹凸不平的路面時，會產生嚴重的彈跳，過彎時也會因為彈簧上下的震盪而造成輪胎抓地力和循跡性的喪失。

圖 20-4　避震器

　　避震器的原理是將衝擊的動能轉換爲另一種形式的能量（通常是熱量），然後藉由熱量散逸的方式來吸收衝擊。避震器主要有液壓和充氣兩種，還有一種可變阻尼的避震器。汽車懸架系統中廣泛採用液壓避震器。其作動方式爲車架與輪胎進行相對往復運動時，而避震器的活塞在缸筒內往復移動，避震器內的油液便反覆地從一個腔室通過一些窄小的孔洞流入另一個腔室。此時，油液與孔洞的摩擦及油液分子的內摩擦形成對振動的阻尼力。圖 20-5 所顯示的零件即爲摩托車的懸吊系統。

圖 20-5　摩托車的避震器

　　振動分析的基本原理一般是利用簡單的質量—彈簧—阻尼器模型來理解，事實上，即使是複雜的汽車車身結構也可以建模爲簡單質量—彈簧—阻尼器模型的“總和”。當機械系統受到外力作用時，質量吸收動能，獲得速度；質量本身離開平衡位置後具有一定的勢能，也必然產生指向平衡位置的恢復力；而彈簧則可儲存勢能，是迫使質量回到原來的平衡位置主要的恢復力量。這種能量的轉換導致了機械振動，阻尼器則消耗能量，可以降低系統振動的振幅。由於阻尼力與速度成正比，所以振動越大，阻尼器耗散的能量就越多。因此，系統最終可達到阻尼器耗散的能量等於力增加的能量。此時，如果系統已經達到其最大振幅，只要施加的力量保持不變，系統將繼續在該振幅振動。如果阻尼不存在，就無法耗散能量，理論振動振幅將繼續增加到無窮大。

　　在振動學中，振動頻率可分為自然頻率和激振頻率，自然頻率源於設備的結構特徵，如果激振頻率與自然頻率相近時，就容易發生共振 (Resonance) 的情況，這是一個很重要的自然現象，它描述了當施力的週期頻率 (激振頻率) 等於或接近其系統的自然頻率時，所發生的振幅增加的現象。也就是說如果一個系統隨著特別的頻率而產生振動的情況，就稱為共振。如果一個動態系統以共振頻率施加振盪力時所得到的振幅，將會比以其他非共振頻率施加相同振盪力時的振幅更高。就好像在鞦韆上推動小朋友，需在正確的時刻推動 (等於或接近鞦韆的振動頻率時)，小朋友鞦韆震盪的高度就會越來越高。在我們的生活當中，其實有許多隨處可見共振的例子，例如：聲帶所發出的聲音和石頭丟到水中蕩起的漣漪都是共振的現象。

💡 知識大補帖　　共鳴

　　如果物體共振時，可以發出人類聽得見的聲音，那麼我們稱之為共鳴。以小提琴為例，運用撥弦所彈奏的曲調聲音是非常弱的，但是附上了音箱，樂曲的聲音就清析悅耳可聞，可見音箱具有放大音量的效果，這就是共鳴。

圖 20-6　小提琴

　　塔科馬海峽大橋 (Tacoma Narrows Bridge) 崩塌是歷史上一件非常著名的不幸事件，這事件的造成就和振動的共振情況非常有關。塔科馬海峽大橋是一對雙索懸吊式橋樑，橫跨華盛頓 (Washington) 州皮爾斯 (Pierce) 縣普吉特 (Puget) 海灣的塔科馬海峽海峽，將塔科馬市與克特賽普 (Kitsap) 半島連接起來。橋梁設計時共有兩個方案，第一個方案由克拉克•埃德里奇提出，其橋面厚度設計為 7.6 米；而另一個方案則由著名的金門大橋設計師之一里昂•莫伊塞弗所提出，他為了減低造價，把橋面設計的厚度從 7.6 米減至 2.4 米，使建設成本從一千一百萬美元降至 8 百萬美元。該座大橋於 1940 年 7 月通車，啟用後數個星期，橋面便開始出現上下擺動的情況，在大風的日子橋面擺動幅度甚至可達五英尺之多，如圖 20-7 所示。工程人員嘗試加建纜索及液壓緩衝裝置試圖降低波動，但是並不成功。同年 11 月 7 日早上在強風條件下，由於 68 公里 / 小時的風引起的氣動彈力顫振 (Aeroelastic Flutter) 作用而坍塌到普吉特海灣，其過程獲得全程記錄

圖 20-7　塔科馬海峽大橋的上下擺動

知識大補帖　橋面共振

　　經過西奧多‧馮‧卡門在加州理工學院進行模型風洞測試，證明塔科馬海峽大橋倒塌事件的元兇，是卡門渦街 (Von Kármán Vortex Street) 所引起的橋面共振。原設計為了經濟與美觀的因素，使用過輕的物料，造成發生共振頻率與卡門渦街產生渦流的頻率十分接近，使得橋面隨強風而劇烈擺動，導致大橋崩塌。從此之後，新的橋樑設計必須經過模型風洞測試，並在路面上加入氣孔，使空氣可在路面上穿越，防止卡門渦街的產生。

　　卡門渦街已稱為卡門渦流，是空氣動力學裡的專業術語，指的是設置物體在流體流動之中，在特定條件下會出現不穩定的邊界層 (Boundary Layer) 分離，物體下游的兩側，會產生兩道非對稱排列的旋渦，一側的旋渦以順時針的方向轉動，另一側的旋渦則是以逆時針的方向旋轉，如圖 20-8，這兩側的旋渦相互交錯排列，如街道兩邊的街燈一般，所以稱為渦街。

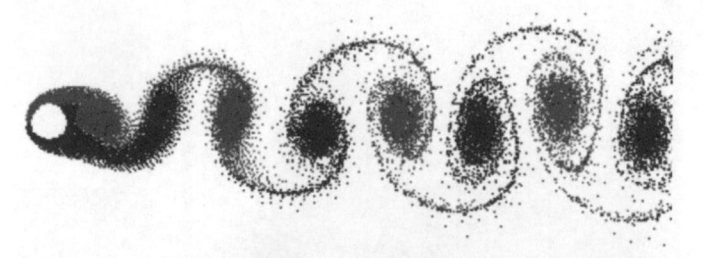

圖 20-8　卡門渦街

　　所有類型的振動或是波動，都會發生共振的現象，其中包括機械共振、聲波共振 (Acoustic Resonance)、電磁共振 (Electromagnetic Resonance)、核磁共振 (Nuclear Magnetic Resonance, NMR)、電子自旋共振 (Electron Spin Resonance, ESR) 與量子波函數共振 (Resonance of Quantum Wave Functions)。共振系統可用於產生特定頻率的振動 (例如樂器)，或是從包含許多頻率的複雜振動之中，挑選出特定的頻率 (例如濾波器)。

　　振動分析常應用於工業與機器維護，主要是通過檢測設備故障來降低維護成本和設備停機時間。振動分析是狀態監測計劃的關鍵，通常稱爲預測性維護 (Predictive Maintenance, PdM)。最常見的振動分析是應用在檢測旋轉設備 (風扇、電機、泵和齒輪箱等) 中的故障，例如不平衡、未對齊、滾動元件軸承故障和共振。振動分析可以運用來顯示時間波形 (Time Waveform, TWF) 的位移、速度和加速度的單位，但最常用的是從快速傅里葉轉換導出時間波形的頻譜。振動頻譜提供了重要的頻率信息，可以查明部件的故障。

　　一般而言，機械裝置的需求爲降低不必要的振動，如果是旋轉機械有振動的問題，最簡單的方法是進行動平衡，這樣由於質量不平衡所產生的振動就可能消除。就好像輪胎的平衡一樣，會在某些地方添加鉛塊以減少輪胎的振動。振動的兩個重要的特性是振幅和頻率。如果要解決振動問題，就需要從這種特性進行處置：降低振幅或是調整振動頻率。所以基於以上理論，將激振頻率提高，且結構的自然頻率沒有改變，將此二頻率分開，振動自然減弱。

💡 知識大補帖　**降低振動**

　　如果振動源是不可避免的，通過減震器、橡膠墊等來吸收部分振動的方式來處理。一般而言，低阻尼材料可以作爲效果良好的隔離器，但是需處於穩定狀態。降低振動的方案若是設計不良，反而會增加振動，可能會破壞周圍的零件或是從發出噪音。

問題與討論 **?!**

1. 振動的型態可分為哪三類？

2. 何謂共振？其英文為何？

3. 什麼是避震器？它的作用為何？

4. 何謂卡門渦街？

5. 減少振動的方法有哪些？

專業英文詞彙

A

| (Acoustic Resonance) | 聲波共振 |
| (Aeroelastic Flutter) | 氣動彈力顫振 |

B

| (Boundary Layer) | 邊界層 |

D

| (Damped Vibration) | 阻尼振動 |
| (Damper) | 阻尼器 |

E

| (Electromagnetic Resonance) | 電磁共振 |
| (Electron Spin Resonance, ESR) | 電子自旋共振 |

F

(Free Vibration)	自由振動
(Forced Vibration)	強制振動
(Fundamental Frequency)	基本頻率

H

| (Harmonic) | 和諧的 |

N

(Natural Frequency)	自然頻率
(Noise)	噪音
(Nuclear Magnetic Resonance, NMR)	核磁共振

P

| (Periodic) | 週期性的 |

| (Predictive Maintenance, PdM) | 預測性維護 |

R

(Random)	隨機的
(Resonance)	共振
(Resonance of Quantum Wave Functions)	量子波函數共振

S

(Steady-state)	穩態
(Shock Absorber)	避震器
(Spring)	彈簧
(Suspension)	懸吊系統

T

| (Time Waveform, TWF) | 時間波形 |
| (Transient) | 瞬間的 |

V

| (Vibration) | 振動 |
| (Von Kármán Vortex Street) | 卡門渦街 |

21

工程倫理
Engineering Ethics

　　讀者首先會提出一個問題就是，何謂倫理 (Ethics)？倫理就是個人在社會脈絡及歷史情境下，客觀的準則和規範，也可以解釋為道德上正確的規則。為什麼本課程要提到這樣的議題呢？因為讀者將來極有可能從事工程專業的領域，而專業工程人員的專業素養與行為所影響的範疇，不僅僅在工程方面，也會包含安全和環保的領域。所以對專業的工程人員來說，除了專業知識的專精之外，工程倫理的素養也是極為重要。由以上說明可以了解，工程倫理是歸納普遍適用行為，透過理性探討專業工程人員的行為準則，藉以約束專業工程人員行為的規範。

 知識大補帖　　美國四個創始工程學會

　　隨著工程在 19 世紀成為一個獨特的職業，工程師將自己視為獨立的專業從業人員或是大型企業的技術員工。由於大型企業雇主為保持對其僱員的掌控，雙方之間存在相當大的緊張關係。在美國，日益增長的專業精神催生了四個創始工程學會：美國土木工程師學會 (ASCE) (1851)、美國電機工程師學會 (AIEE) (1884)、美國機械工程師學會 (ASME) (1880) 和美國礦業工程師學會 (AIME) (1871)。

　　ASCE 和 AIEE 更接近於將工程師視為專業人士，而 ASME 在某種程度上和 AIME 幾乎完全認同工程師是技術員工的觀點。於當時的環境，道德視為個人而非廣泛的職業問題。

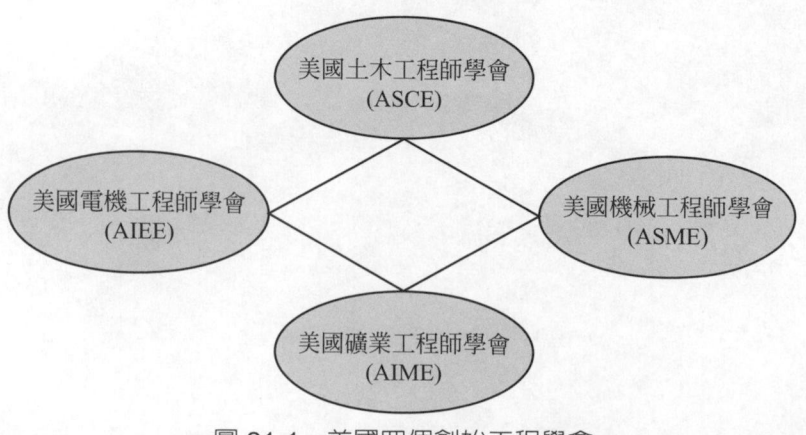

圖 21-1　美國四個創始工程學會

在美國，國家專業工程師協會於 1946 年發布了其工程師職業道德規範和職業行爲規則，該規範演變爲 1964 年採用的現行道德規範。這些要求最終導致了工程師委員會的成立。1954 年的倫理審查。倫理案件很少有簡單的答案，但 BER 的近 500 份諮詢意見，幫助澄清了工程師每天面臨的倫理問題。目前，世界各地的幾個專業協會和商業團體正在非常直接地解決賄賂和政治腐敗問題。然而，新的問題已經出現，例如離岸外包、可持續發展和環境保護，這是必須考慮和解決的問題。

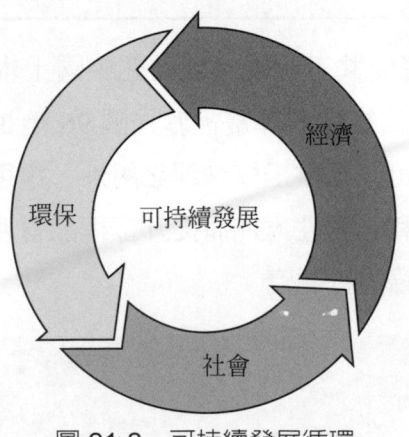

圖 21-2　可持續發展循環

工程師們認識到其專業最大的優點是致力於服務社會、關注大多數人的福利和進步的工作和職業。通過改造自然，造福人類。工程師必須提高對世界作爲人類居所的認識，提高對宇宙的興趣作爲克服精神的保證，提高對現實的認識，使世界更公平、更幸福。工程師應拒絕任何損害一般利益的論調，從而避免可能對環境、生命、健康或其他人類權利造成危險或威脅的情況。

知識大補帖 　**知識的重要性**

　　工程師及其雇主必須確保不斷提高他們的知識，特別是專業知識，傳播知識，分享經驗，為專業人員提供教育和培訓的機會，為學校提供認可、道義和物質支持，從而返還他們和他們的雇主所獲得的福利和機會。工程師有責任進行工作，並支持法律，特別要遵守法律所規定的行為準則。

　　民國 95 年行政院公共工程委員會委託中國土木工程學會辦理「強化工程倫理方案之研擬及推動」計畫，於民國 96 年 3 月出版了「工程倫理手冊」。該手冊除了可以提供工程倫理之用外，還可以培養工程專業人員思考工程倫理的價值和必要性，進而提升工程品質產生正面的影響，本章內容即依據該手冊摘錄進行編寫。

圖 21-3　工程倫理手冊

如前所述，倫理是一套價值規範系統，家庭之中有家庭的價值規範，社會之中則有社會的價值規範，而工程倫理則是針對專業領域所訂出的價值規範。針對工程專業人員在社會組織當中，即產生一些特有的內部規定，也規範人與人之間的相處方式，來維繫社會組織的和諧，以及規範工程專業人員的社會責任。

社會大眾公認法律為倫理道德基本要求的最低標準，有許多的行為可以運用法律制度約束。但面對法律的實施面有限，只能消極地預防，容易發生偏離常軌或是不利於公平正義的行為，造成浪費社會資源、危害環保衛生與生命安全，因此需要建立行為準則的共識，來維持社會組織之安定，所以需要進行工程倫理的教育，來建構公平與公正的社會秩序。

💡 知識大補帖　工程倫理的意義

對於工程人員而言，工程倫理的意義在於建立應有的專業認知以及實踐的原則。而工程倫理所探討的內容涵蓋工程人員應維護專業的榮譽與尊嚴，增進工程人員對職業道德的認識，使工程人員能夠自覺地遵守工程專業的行為規範，盡到應擔負的社會責任。

對工程人員來說，工程倫理的應用可從八個面向來說明，這八個面向包括個人、專業、同事、雇主（公司）、業主或客戶、承包商、社會和自然環境。對工程人員個人來說，需要做到的是盡個人的能力，加強個人的專業；對專業而言，則應持續進修專業技能與相關知識，不得誇大或偽造其專業能力與職權等；對同事則應具備團隊合作的精神；對雇主（公司）而言，應維護雇主（公司）權益，遵守雇主（公司）之組織章程及工作規則；對待業主或客戶則應以敬業態度，瞭解業主／客戶之需求，達成工作目標；對待承包商應公平對待，訂定公平合理之契約；執行業務時，應考慮整體社會利益，並確保公共安全；對於自然環境則需具備環保意識，重視自然生態與資源。

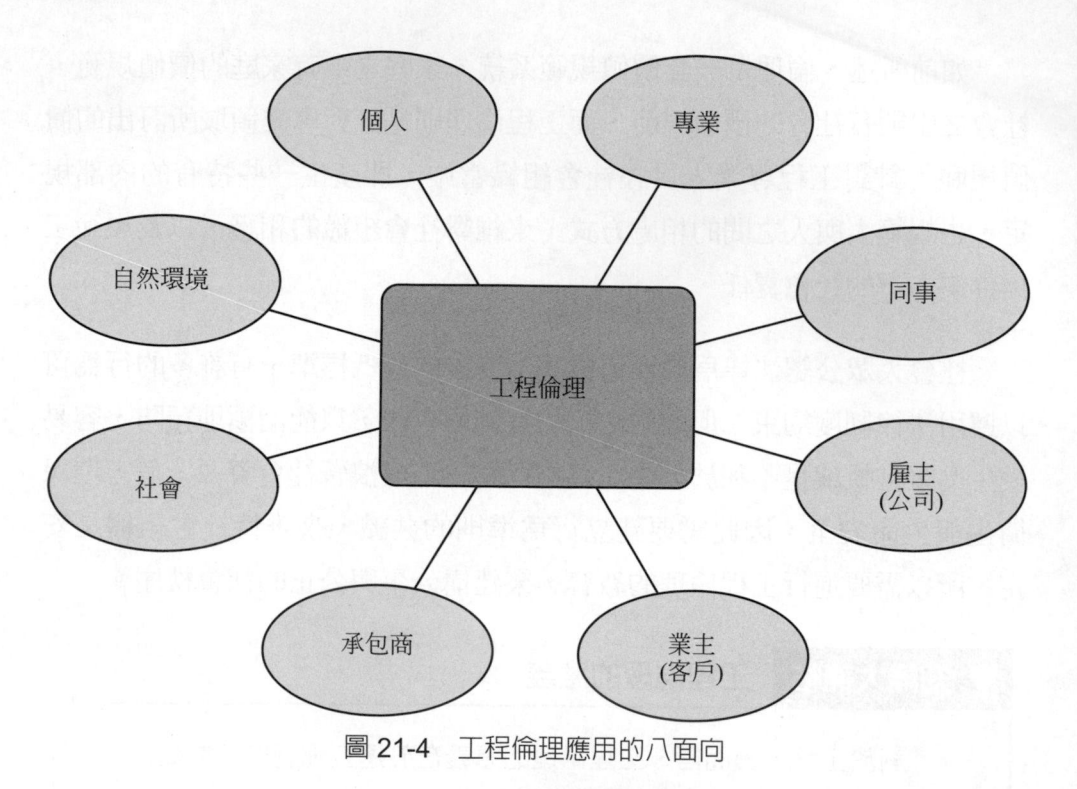

圖 21-4　工程倫理應用的八面向

以下列出由「工程倫理手冊」所提出的一些案例，提供讀者參考。

案例一

A 汽車公司是目前市場上銷售還不錯的汽車公司，但是今年因為受到景氣的影響，各家車商紛紛推出新車款以吸引消費者購買，雖然 A 公司在汽車技術方面也投入相當多的研發成本與人力在新車款的研發，預計年中推出新車－ABC。但是依據業務部經理由同行傳來的消息指出，對手廠商預計將於 3 月即將搶先進行新車發表。由於該款新車的功能、定位及客層與 ABC 相似，如果被對手廠商搶先一步發表銷售，勢必影響 ABC 的業績。

因此，公司老闆立刻與業務部及設計製造部開會研商對策，X 技師報告目前新車已完成設計工作，原型車尚未進行安全測試工作，只是測試加上修改的時間可能需要半年以上。但是，與對手競爭無法等上半年，於是張老闆便指示安全測試只要先作主要的部份就好，一些較次要的部份等到以後顧客回應時再慢慢修改。

業務部經理也認為新車搶先發表對於公司的利益較有幫助，如果仍存有一些瑕疵，應可考慮日後以可客服或維修的方式辦理。但是 X 技師對於存在瑕疵新車的安全性上始終認為有發生意外的機率，但也不保證一定會發生，因此他對會議討論的決議便不敢堅持反對。

思考

1. 可以販賣具有瑕疵的產品嗎？如果該瑕疵不影響產品的主功能呢？
2. 是否可以為了雇主 / 組織的利益，如果顧客使用可能具有安全疑慮的產品？但是若評估可能發生危險的機率較低時，是否應為公司利益冒險一搏？
3. 若不幸新車發生意外，造成公司名譽或實質賠償損失，誰該負責？
4. 如果你是設計製造部門技師要不要配合？

案例二

　　顧經理為工程技術顧問公司的設計部經理，平常在外面的小事務所擔任定期性固定報酬的顧問職務。有一天他接到一個客戶有關結構設計的詢問，由於該工程較簡單，風險也小。因此，他以目前本公司沒有時間為由，婉拒客戶的委託，但是私底下建議可以詢問他擔任顧問的事務所處理。

　　該事務所原本對這個案子興趣缺缺，但是在顧經理的極力說服之下，勉強承接此案，並且與顧經理達成協議，本案全部由顧經理負責，而顧經理則將工作，交給他服務公司部門內之工程師處理，服務費用則以事務所10%，顧經理90% 來分配。

思考

1. 已受聘於他人，是否可以再兼差？若是可以，是否有性質或程度的規範？
2. 顧經理的作法是否損及客戶權益？
3. 顧經理將外面的工作帶到公司交給下屬工程師辦理，工程師應作何處置？

案例三

　　A 工程師係受聘於 P 公司執行業務，與某種機會認識 Q 公司之執業技師 B 工程師。於 Q 公司進行某工程之設計工作時，因缺乏相關經驗，B 工程師遂邀請 A 工程師為其進行相關規劃設計及報告撰寫，之後仍由 B 工程師進行技師簽證。A 工程師接受 B 工程師之邀約，於是在工作空檔，利用 P 公司購買之分析軟體進行分析設計，並於完成工程後自 B 工程師處獲得酬勞。

思考

1. 於工作空檔，利用公司之資源執行其它業務，是否合適？
2. 工程師對他人之設計成果進行簽證，是否允當？
3. 若 A 工程師僅義務幫忙 Q 公司，並不收取酬勞，其行為是否就合適？

案例四

原任職於 S 工程顧問公司的 E 先生是位電機技師，他是國內頂尖大學的碩士，同時也是美國著名學府的博士，當他在 S 公司服務期間，其研發設計之交控系統獲得該年度之經濟部創新研發獎，是位不可多得的人才。

T 公司由於承作由 S 公司負責設計之交控系統，發現 E 先生所設計之交控系統真的是太厲害了，這麼完美的設計概念怎麼有人會想得到呢？於是就以 2 倍的年薪外加 500 張該公司的股票 (現值約 2 千萬元)，挖角 E 先生至該公司服務。T 公司除了委請 E 先生進行交控系統的設計外，同時也發現 E 先生在 S 公司所做的其他研發同樣也是棒得不得了，所以希望 E 先生將這些理念及研發成果應用在 T 公司的其他業務中。

E 先生覺得這些東西雖然是在 S 公司服務期間所研究出來的，但是 S 公司老闆認為實用性不高，並未予以採用，同時自己又是該項研究的計畫主持人，大部份的構想皆出自自己的理念，再加上同仁的執行得以完成相關成果。既然 S 公司的老闆不採用，而有關該研發的智慧財產權也沒有明確的規定，所以 E 先生認為，在 T 公司將這些理念進一步延伸發展應該是沒問題的。

思考

1. 智慧財產權以及著作人格權之歸屬問題？
2. S 公司不採用，是不是就代表著 E 先生可以自由使用在其他研究上？
3. 以高薪挖角其他團隊之優秀人才的舉動，是否合情合理？

案例五

　　小政在一家機電工程顧問公司中工作，負責一棟新建辦公大樓的機電配置與設計工作。由於該大樓屬於公共工程，而且預定於三個月後即將發包施工。因此目前所有的設計圖說以及發包文件皆處於最後的彙整階段。

　　小政在整理所有設計圖時，突然靈機一動，發現既有的設計應該可以有較佳之替代方案。若是在線路配置及設備上，進行適當調整後，應該可以維持既有需求並且減少 20% 的材料數量，可以替業主節省工程費用。於是小政立刻將他的想法向本計畫專案經理報告。

　　沈經理在與小政討論之後，相當肯定小政的想法，但是考量本案發包在即，況且本計畫服務費用乃依工程費百分比計，若重新設計的話，勢必將影響計畫期程，增加計畫成本、減少計畫利潤，又免不了受到業主責怪，對計畫本身而言，百害而無一利。因此，沈經理決定仍以既有設計 圖說提供業主發包施工。

思考

1. 雇主利益與業主利益，應以何者為重？
2. 設計有較佳之替代方案，應否先與業主討論？

問題與討論 ??

1. 何謂倫理？

2. 對於工程人員而言，工程倫理的意義？

3. 對工程人員來說，工程倫理的應用有哪些面向？（列舉三項即可）

國家圖書館出版品預行編目資料

機械工程概論 / 章哲寰編著. -- 初版. -- 新北市
：全華圖書股份有限公司, 2022.06
　面 ； 公分
ISBN 978-626-328-236-0(平裝)

1.CST: 機械工程

446　　　　　　　　　　　　　111009123

機械工程概論

作者／章哲寰

發行人／陳本源

執行編輯／吳政翰

出版者／全華圖書股份有限公司

郵政帳號／0100836-1 號

印刷者／宏懋打字印刷股份有限公司

圖書編號／06496

初版一刷／2022 年 07 月

定價／新台幣 350 元

ISBN／978-626-328-236-0(平裝)

全華圖書／www.chwa.com.tw

全華網路書店 Open Tech／www.opentech.com.tw

若您對本書有任何問題，歡迎來信指導 book@chwa.com.tw

臺北總公司(北區營業處)
地址：23671 新北市土城區忠義路 21 號
電話：(02) 2262-5666
傳真：(02) 6637-3695、6637-3696

南區營業處
地址：80769 高雄市三民區應安街 12 號
電話：(07) 381-1377
傳真：(07) 862-5562

中區營業處
地址：40256 臺中市南區樹義一巷 26 號
電話：(04) 2261-8485
傳真：(04) 3600-9806(高中職)
　　　(04) 3601-8600(大專)

親愛的讀者：

感謝您對全華圖書的支持與愛護，雖然我們很慎重的處理每一本書，但恐仍有疏漏之處，若您發現本書有任何錯誤，請填寫於勘誤表內寄回，我們將於再版時修正，您的批評與指教是我們進步的原動力，謝謝！

全華圖書 敬上

勘 誤 表

書 號			書 名		作 者
頁 數	行 數		錯誤或不當之詞句		建議修改之詞句

我有話要說：(其它之批評與建議，如封面、編排、內容、印刷品質等‧‧‧‧‧‧)

讀者回函卡

掃 QRcode 線上填寫 ▶▶▶

姓名：＿＿＿＿＿＿＿ 生日：西元＿＿＿年＿＿月＿＿日 性別：□男 □女

電話：（ ）＿＿＿＿＿＿ 手機：＿＿＿＿＿＿＿＿＿＿

e-mail：（必填）＿＿＿＿＿＿＿＿＿＿＿＿＿＿＿＿

註：數字零，請用 Φ 表示，數字 1 與英文 L 請另註明並書寫端正，謝謝。

通訊處：□□□□□

學歷：□高中‧職 □專科 □大學 □碩士 □博士

職業：□工程師 □教師 □學生 □軍‧公 □其他

學校/公司：＿＿＿＿＿＿＿ 科系/部門：＿＿＿＿＿＿＿

‧需求書類：

□A. 電子 □B. 電機 □C. 資訊 □D. 機械 □E. 汽車 □F. 工管 □G. 土木 □H. 化工

□I. 設計 □J. 商管 □K. 日文 □L. 美容 □M. 休閒 □N. 餐飲 □O. 其他

‧本次購買圖書為：＿＿＿＿＿＿＿＿＿＿＿ 書號：＿＿＿＿＿＿＿

‧您對本書的評價：

封面設計：□非常滿意 □滿意 □尚可 □需改善，請說明＿＿＿＿＿＿

內容表達：□非常滿意 □滿意 □尚可 □需改善，請說明＿＿＿＿＿＿

版面編排：□非常滿意 □滿意 □尚可 □需改善，請說明＿＿＿＿＿＿

印刷品質：□非常滿意 □滿意 □尚可 □需改善，請說明＿＿＿＿＿＿

書籍定價：□非常滿意 □滿意 □尚可 □需改善，請說明＿＿＿＿＿＿

整體評價：請說明＿＿＿＿＿＿＿＿＿＿＿＿＿＿＿＿＿＿

‧您在何處購買本書？

□書局 □網路書店 □書展 □團購 □其他

‧您購買本書的原因？(可複選)

□個人需要 □公司採購 □親友推薦 □老師指定用書 □其他

‧您希望全華以何種方式提供出版訊息及特惠活動？

□電子報 □DM □廣告 (媒體名稱＿＿＿＿＿＿＿)

‧您是否上過全華網路書店？(www.opentech.com.tw)

□是 □否 您的建議＿＿＿＿＿＿＿＿＿＿＿＿

‧您希望全華出版哪方面書籍？＿＿＿＿＿＿＿＿＿＿

‧您希望全華加強哪些服務？＿＿＿＿＿＿＿＿＿＿＿

感謝您提供寶貴意見，全華將秉持服務的熱忱，出版更多好書，以饗讀者。

填寫日期：　　/　　/　　

2020.09 修訂